超·簡·單
氣炸烤箱
料理110

一機多功，減脂70%，享瘦美味的油切神器

宅宅太太｜蔡宛珍 著

Content

010　作者序

01　快速簡單的氣炸烤箱料理

014　如何使用氣炸烤箱

014　　認識與挑選氣炸烤箱

015　　氣炸烤箱的面板與基本操作

018　　烤盤與輔助工具

020　氣炸烤箱常見 Q&A

021　本書使用的調味料

022　本書使用的食材

029　就從氣炸、焗烤、乾烘、蒸烤四大基本料理開始

029　　氣炸脆皮餛飩

030　　焗烤櫛瓜

031　　油漬小番茄

032　　紙包絲瓜蝦仁

034　一起來氣炸冷凍即時料理吧

034　　雞塊

035　　薯餅

035　　披薩

036　　起司條

036　　薯條

037　　葡式蛋塔

037　　雞米花

02　高營養的雞蛋、豆腐與原味蔬食料理

040　主食 酪梨烤蛋 減醣

042　主食 蛋白雲朵蛋

044　主食 太陽蛋吐司

046　主食 培根蛋杯

047　主食 甜椒蛋杯

049　主食 番茄藜麥杯 減醣

050　主食 蛋白起司塔 減醣

052　主食 青花菜蛋餅 減醣

054　配菜 咖哩馬鈴薯蛋燒

056　配菜 馬鈴薯烘蛋

058　配菜 番茄半熟蛋

060　配菜 酥炸櫛瓜條

062　配菜 鹽酥雙花

063　配菜 味噌花椰菜

064　配菜 香烤蘑菇

065　配菜 起司茄子捲

066　配菜 香料玉米筍

067　配菜 泰味甜辣茭白筍

068　配菜 奶油蒜味高麗菜

069　配菜 蒜味杏鮑菇

070　配菜 奶油綜合菇

071　配菜 台式炸豆腐

072　配菜 和風唐楊豆腐

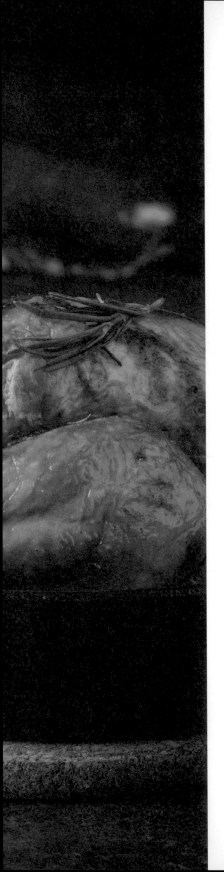

03　烤炸都美味的滿足肉料理

076　開胃菜 香料雞柳棒

078　開胃菜 明太子雞翅

080　開胃菜 紐澳良雞翅

082　開胃菜 雞胸藜麥沙拉 減醣

084　開胃菜 骰子牛沙拉

086　配菜 蘆筍培根捲

086　配菜 雞肉培根捲

088　主菜 台式椒麻雞

090　主菜 蠔油嫩雞

092　主菜 迷迭香雞胸 減醣

094　主菜 毛豆雞肉球 減醣

095　主菜 香酥雞腿排

096　主菜 豆腐雞胸漢堡排

098　主菜 薑汁雞腿

100　主菜 香料烤春雞

102　主菜 孜然牛肉串

104　主菜 酥炸里肌

106　主菜 燒腩仔

108　主菜 美式豬肋排

110　主菜 青醬豚捲

112　主菜 慢烤牛肉

114　主食 蒜味烤牛丼

116　主食 日式洋蔥豬肉蓋飯

118　主食 肉丸義大利麵

04　原汁原味的鮮美海鮮

122　主菜　焦糖烤鮭魚

123　主菜　蒔蘿檸檬鮭魚

124　主菜　鹽烤香魚

125　主菜　黃金鯧魚

126　主菜　義式番茄海鮮

127　主菜　蒜香奶油大蝦

128　主菜　鳳梨蝦串

130　主菜　千絲蝦

131　主菜　奶油蒜味檸檬蝦

132　主食　海鮮烤飯

134　主食　白酒蛤蜊義大利麵

05　懶人好幫手，一爐多菜

138　主+配菜　咖哩雞腿排／香料馬鈴薯

140　主+配菜　橙汁鴨胸／鴨油地瓜與杏鮑菇

142　主+配菜　腐乳雞翅／香烤玉米

144　主+配菜　鹽麴松阪豬／黑胡椒甜椒

145　主+配菜　蒜香焗蝦／黃金豆腐

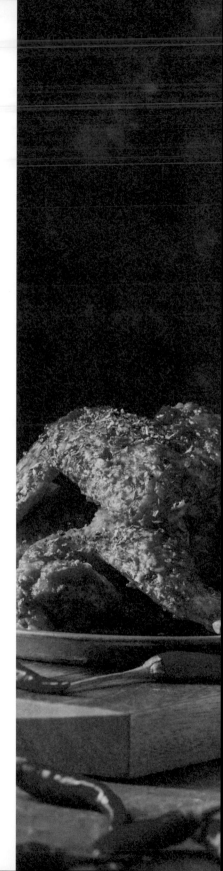

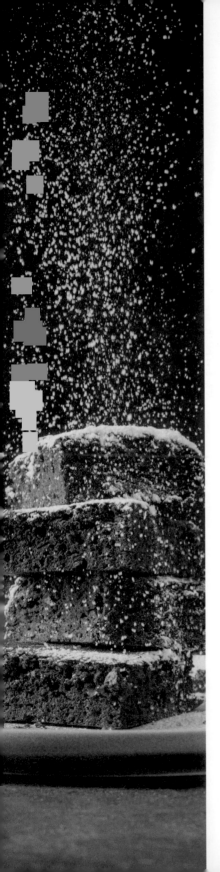

06 鹹的甜的都好吃，
下酒宵夜也很可以的美味點心

148　鹹點 台式鹽酥雞

150　鹹點 海鮮烤餅

151　鹹點 楔型薯塊

152　鹹點 千張蝦餅 減醣

154　鹹點 香料鷹嘴豆 減醣

154　鹹點 醋烤南瓜片 減醣

156　鹹點 帕瑪森櫛瓜片 減醣

157　鹹點 香烤飯糰

158　鹹點 奶油煙燻玉米

160　鹹點 起司豆腐捲 減醣

162　鹹點 自製洋芋片

162 鹹點 酥皮熱狗捲

164 鹹點 香蔥起司玉米片

165 鹹點 薄脆甜不辣

166 鹹點 花型薯泥球

168 甜點 煉乳饅頭

169 甜點 香酥芋泥餅

170 甜點 肉桂蘋果花

172 甜點 楓糖奶油香蕉

173 甜點 杏仁薄片

174 甜點 蝴蝶酥

176 甜點 巧克力麵包布丁

178 甜點 巧克力豆布朗尼

180 甜點 香橙巧克力派

182 甜點 檸檬瑪芬

184 甜點 巧克力豆司康

作者序

氣炸是這幾年在台灣非常流行的主題，可說是全民瘋氣炸。我本身做菜是屬
於蠻依賴烤箱的類型，有時工作忙懶得下廚，就會利用烤箱來料理，只要備
好料，送進烤箱，等待時間慢慢讓食材變熟，就可以端上桌享用了，加上烤
箱料理很容易還無油煙，料理起來非常輕鬆，家裡有小朋友的話，也可以一
起動手做，無論大人還是小孩都能從中得到樂趣。

一般烤箱在使用上，比較麻煩的是預熱這道工序，使用氣炸烤箱的好處是，
無需預熱就可以直接放進烤箱，加上氣炸烤箱良好的熱循環，溫度上升很快，
在短時間內就能達成氣炸效果，節省很多時間。氣炸烤箱料理利用高溫烘烤，
可幫原本充滿油脂的食物逼出油，達到油切的效果，對於喜愛吃原味、減脂、
健身或減醣的人都相當方便，真的是廚房新手或忙碌上班族的好幫手。

宅宅太太

最後，感謝悅知文化的邀請出版這本食譜書，從一開始的驚喜，面談後開始策劃寫文，又逢寶寶剛好悄悄地來到我的肚子裡，讓她真的跟著這本書一起萌芽與誕生。感謝我的母親張愛珠女士，打小我就在廚房裡看著她煮菜，潛移默化地讓我對料理有著極大的興趣，當然我也是她的最佳二廚囉！感謝我的父親蔡東波先生，栽培我長大並讓我養成廣泛的興趣。

感謝編輯詠妮這些日子地給予意見及辛苦的校稿，很感謝在拍攝食譜時，幫助我拍攝的視覺指導老師王振昇大哥，感謝我的朋友豐騰好食的李芮萱，提供了書中許多肉品的贊助與支持，感謝我的先生俊男，一同協助好多大大小小的事情，最後要感謝我的家人，一路支持我的「創意」料理，有時候偶爾還是會出現暗黑料理的（笑）。

1

快速簡單的
氣炸烤箱料理

如何使用氣炸烤箱

認識與挑選氣炸烤箱

台灣人有多愛炸物，你我都知道，雞排、鹽酥雞、芋泥球、地瓜球、蚵嗲、排骨酥、臭豆腐等，大街小巷隨處可見。炸物雖然美味，但也意味著不夠健康、火氣大冒痘子、用油食安問題等，想吃又害怕的心情，造就了這股氣炸的風潮。

氣炸烤箱名為氣炸，但並不是真的以油炸來加熱食材，而是以旋風烤箱的熱風對流方式來烤，讓熱空氣在食物週遭循環，快速均勻受熱，鎖住內部水分，產生酥脆類油炸的口感，但其實氣炸料理還是介於烤箱與油炸之間，並不是真正的油炸。由於並非是運用油來達到酥脆感，高溫加熱的過程反而能將食材中的油脂逼出來，在享受美食之外，能吃出食物最原始的滋味，並減少油脂的攝取量，打造安心的飲食習慣，因此，除了炸物控外，還有更多的健身與減醣人士也加入氣炸一族，選擇減油、減脂的健康烹飪方式。

比起單一功能的氣炸鍋，現代家庭空間有限，能夠一機多用、還能 360 度旋轉、容量更大的氣炸烤箱已成為廚房家電新寵。由於搭配了烤盤、集油盤、炸物籃、串烤架、烤籠、圓形烤盤、旋轉架……等配件，除了氣炸，就連焗烤、乾烘、蒸烤、烘焙都沒問題。

如果你還未購買氣炸烤箱，可先想好個人的需求，想好需要的配件，如要功能更齊全，自然是配件愈多、變化就愈多，在材質上，為確保安全，建議可選不銹鋼材質打造的烤箱，容量大約 10~12 公升左右，可烤最小的全雞，12 公升以上的中大型烤箱，則可以烤一般大小的全雞。

加熱管部分則跟一般烤箱一樣有單上火，也有上下火，有下火的好處是加熱更快，但也容易弄髒或滴到油，清理起來較不方便，大家可根據個人喜好做選擇。在溫度設定上，有些氣炸烤箱提供較低溫的烘烤功能，可用來製作蔬果乾，若有果乾製作需求，也可以注意溫度設定與面板功能對應的選擇。

⊟ 氣炸烤箱的面板與基本操作

市面上有許多不同品牌的氣炸烤箱,使用方式都不太一樣,有些是機械式旋鈕,有些則是電子式觸碰按鈕,共通點是能設定溫度跟時間,使用起來和一般烤箱不會差太多,比較特別的是有些會有內建選單可供使用,或是有旋轉功能,可使用在串烤或者是轉籠上,烤起來會更均勻。

首先,食材準備好了之後,在面板上按下【電源】鈕,此時菜單已經開啟,如果是使用【自定義】模式(全手動操作時間與溫度),可先按下面板上的【溫度】,轉動【啟動】鈕即可選擇溫度,接著按下面板上的【時間】鈕,轉動啟動鈕即可設定時間,若要啟動旋轉模式,可按下面板上的【旋轉】鈕,最後按下【啟動】鈕即可開始烘烤。

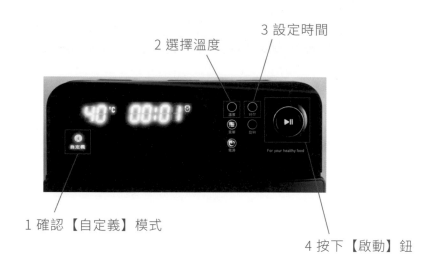

2 選擇溫度

3 設定時間

1 確認【自定義】模式

4 按下【啟動】鈕

Tips

因為每台機型操作方式不太一樣,大家除了參考本書的說明之外,也要仔細研讀一下烤箱附贈的使用手冊,才能更快上手。

氣炸烤箱除了【自定義】模式可以手動調整時間與溫度，內建的菜單中也有許多預設好的料理選項可以直接使用。

右列是內建模式的溫度及時間設定，大家可以在測試幾次後，依據食材的體積大小及份量，改用自定義來設定溫度及時間，在本書中都是採用【自定義】模式。

180℃ 00:20°	豬肉	180℃	20 分鐘
200℃ 00:20°	牛排	200℃	20 分鐘
180℃ 00:20°	魚類	180℃	20 分鐘
210℃ 00:30°	整隻雞	210℃	30 分鐘
180℃ 00:05°	披薩	180℃	5 分鐘
200℃ 00:30°	番薯	200℃	30 分鐘
180℃ 00:20°	烤串	180℃	10 分鐘

1· 快速簡單的氣炸烤箱料理

烤盤與輔助工具

接下來將說明本書使用到的烤盤，以及常用的輔助器具，包含刷子、噴油罐、夾子、烘焙紙、隔熱手套。

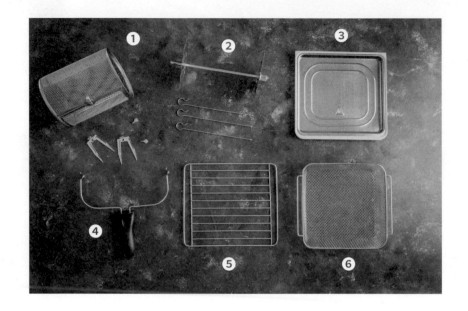

❶轉籠

轉籠需搭配轉軸、轉籠固定架與螺絲，適合用來氣炸市售的雞塊、薯條。

❷烤串叉

烤串叉需與烤串叉固定盤以及轉軸搭配，使用氣炸烤箱的旋轉功能，在家就能夠吃到串燒。

❸接油盤

接油盤等同於一般烤盤的使用方式，大多可在上方鋪張烘焙紙後裝盛食物來烤，如果是使用氣炸籃的話，下方可以放接油盤接油，以免弄髒烤箱內部。

❹轉軸夾子

轉軸夾子是將轉軸取出的工具。

❺多功能層架

多功能層架適用於烤吐司或較輕型且大面積的食材。

❻氣炸籃

氣炸籃下方為網狀，可讓熱氣溫度循環效果更好，便於氣炸食物。

平底鍋／鑄鐵鍋／醬汁鍋

平底鍋：本書中會用於煎鴨胸，雙面煎完後進烤箱，使用 20 公分左右的尺寸最適合。

鑄鐵鍋：在本書中主要用來輔助烹調比較液狀（例：烘蛋、麵包布丁）的料理使用。

醬汁鍋：用於煮醬汁，也可用平底鍋替代。

調理盆／小碗

調理盆：多呈現半圓形，用於攪拌粉類或醬汁類，也可用於裝盛醃漬的肉品。

小　碗：可盛裝體積或容量較小的食材，例如蛋液或少量醬汁。

攪拌器／食物處理器

攪拌器：用於打發雲朵蛋用。

食物處理器：將肉打成絞肉。

夾子：方便將食材放進盤子或氣炸籃中的好幫手。

烘焙紙：可維持烤盤的清潔，或應用在紙包料理上。

隔熱手套：拿取烤盤或氣炸籃時，避免因過熱而受傷。

刷子／噴油罐：當食材不含油時，刷油是氣炸必備的步驟，對應不同食材可選擇使用刷子或噴油罐。

　　　　1．快速簡單的氣炸烤箱料理

氣炸烤箱常見 Q&A

Q：氣炸烤箱的放置位置？

A：使用氣炸烤箱這類電器，因為加熱時會產生熱氣，周圍的空間至少保留 15 公分會較好，另外，也要避免放在傾斜檯面上，並使用獨立電源插座，這樣電壓會更為穩定，避免跳電。

Q：食材還需要刷上油？

A：炸之前刷上一點點油，會更酥脆些，色澤也會比較金黃，油量不需太多，可搭配矽膠油刷或噴油瓶來控制油量。

Q：炸的過程中需要翻面嗎？

A：為了上色均勻，可以在中途翻面，若烤箱只有上火，也可翻面來確認熟度。

Q：氣炸烤箱如何清潔？配件卡油如何處理？

A：使用完後建議儘快清洗，如果遇到不好清洗的油垢可以先泡水，或使用酵素類的清潔劑。有的廠商還提供送洗的售後服務，只需少少的費用，就可以做年度清潔。

Q：一定要用烘焙紙嗎？

A：當食材本身的油脂含量高時，建議可鋪上烘焙紙，減少事後清潔的工作。

本書使用的調味料

辛香料

辛香料在料理中扮演著相當重要的
角色,每種香料都有獨特的氣味,
中西式香料也大不同,除了比較特
定的料理味道是固定的之外,其他
都可以視個人口味來搭配不同的香
料,嘗試跨國界的料理方式。

乳製品

乳製品在此食譜書中最常用到的就是
無鹽奶油、牛奶、莫札瑞拉起司以及
帕瑪森起司。**無鹽奶油**最常用在烘焙,
比較西式口味的料理也會用到奶油,
選擇無鹽或有鹽皆可。使用無鹽奶油
的話,可依照一般料理方式來加鹽調
味;如果是使用有鹽奶油的話,則可
以減少鹽的用量,鮮奶則多用來增添
料理的奶香味(在此用全脂鮮乳)。

莫札瑞拉起司屬於軟質起司,特性是遇熱會出現牽絲的效果,適合運用在焗烤類
的料理,**帕瑪森起司**則是硬質乾酪,特性是乳香濃郁帶有鹹味,適合當最後的調
味來增加料理的層次感。

醬料

中西式醬料百百款，同樣的食材搭配不一樣的醬料會產生截然不同的口味。書中
使用的醬料大部分都可以在超市買到。

- 番茄系列有常見的番茄醬、番茄塊罐頭與番茄沙司，**番茄醬**主要用來調味，
  番茄塊罐頭，可用來取代新鮮番茄、**番茄沙司**則可省下將番茄以食物處理機
  打成泥的工序。

- 煮義大利麵最常見的有**白醬**、**青醬**以及**紅醬**三大醬汁，除了用在義大利麵上，
  也可用來燉飯或是烹調燉煮類的料理。

- **美乃滋**應該是大家最常購買的醬料，從早餐開始就會吃到，做料理時偶爾也
  會放入，可添增滑順的口感。

- 沙拉醬也分為很多款，如**千島沙拉醬**、**凱薩沙拉醬**、**油醋醬**，都是很常見的
  沙拉醬，食譜書中的沙拉醬用於搭配生菜食用。

- **泰式甜辣醬**，口感甜中帶辣，非常有東南亞的風味，配海鮮類或月亮蝦餅都
  非常美味。

- **烏斯特醬**，是我家必備的醬料，味道有點像帶辣味的烏醋，非常具有層次感，在許多西式料理中都會用到。
- **黃芥末醬**，舉凡熱狗、薯條、蘿蔔糕等都可以蘸食，書中用於醃漬美式豬肋排。

粉類

- **麵粉**在書中最常用來做為炸物麵衣，在食物先沾一層麵粉、過蛋液，再沾上一層麵包粉來烤，就是所謂的「過三關」，其目的是讓蛋液與麵包粉更完整地附著在食材上。
- **樹薯粉**同樣能讓炸物產生酥脆感，例如：台式鹽酥雞就是沾上樹薯粉來炸（粉圓也是用樹薯粉做的）。
- **太白粉**則多用來勾芡或是醃肉，讓肉的口感更加柔軟滑順。
- **泡打粉**是烘焙上相當重要的膨發劑。

調味料

書中用到的調味料在超市也皆可購得，大部分瓶裝調味品在開罐後，都需要冷藏保存。

- **味醂**是來自日本的調味料，是由甜糯米與麴釀製的，跟米酒有一點像，但是帶有甜味，做日式料理常用到味醂。
- **味噌**也是相當具日本風味的調味料，主要成分是黃豆、米以及麥，經由發酵製成，大多拿來煮湯，也可以用來醃漬食材。
- **醬油**是由大豆、水及鹽發酵而成，帶有濃郁的鹹味，是家中不可或缺的調味料。
- **鰹魚醬油**也是來自日本的調味料，是醬油與鰹魚露調配而成的醬汁，像日式的丼飯、天婦羅、沾麵都會用到。
- **鹽之花、海鹽及粗鹽**其實都是使用海水曬出來的，**鹽之花**結晶的氣候條件比較嚴峻，所以產量非常稀少，也沒有經過精製，礦物質含量高，風味會比精鹽更有層次一些，適合烹煮完，再加入調味。海鹽，**海鹽**是將海水引入鹽田，蒸曬而成，含有微量礦物質。粗鹽，一樣是蒸發海水或鹹水湖曬出來的，因沒有經過研磨和加工，顆粒較粗。
- **白酒**，白葡萄酒，是由綠葡萄釀造而成，特色是香味濃郁，適合拿來搭配海鮮來飲用。米酒是台灣家家戶戶必備的調味料之一，由米釀造而成，多拿來醃漬或去腥用。
- **白醋**是用糯米釀造而成，是一種帶有酸味的調味料。**巴薩米克醋**則是由葡萄榨汁，先經熬製後再經過 1-2 年的時間發酵成醋，不同產地跟年份，風味上也會有所不同，其特色是果香濃郁，沙拉、西式料理、蘸肉、與橄欖油搭配歐包食用，都非常棒。

糖類

- **細砂糖**跟二砂都是從蔗糖萃取而來，**二砂**的顏色較深，帶有較多的糖蜜，保留較多的蔗香。
- **楓糖漿**提取自楓樹，有其獨特的香氣，許多甜點都會選擇使用用楓糖漿。
- **蜂蜜**是相當受台灣人歡迎的品項，也常運用於料理與烘焙中，記得要看清楚成分，購買真蜜來使用。

巧克力

本書中會用到三種巧克力，一種是烘焙專用的高熔點巧克力豆，其特性是耐高溫烘烤，一種是苦甜巧克力，用於香橙巧克力派，另一種是可可粉，用於布朗尼。

食材及調味料的份量

本書所列的調味料份量如下：

標準的重要性

在甜點的世界裡，1 茶匙、1大匙、1 杯、公克、毫升等都不容許任何差錯，只要差一點點，結果就會差很多。此外，溫度也一樣非常重要，請大家務必按照書中配方所列的份量操作。

1 杯	240c.c.
1 大匙	15 c.c.=15 公克
1 茶匙	5c.c.=5 公克
1 ／ 2 茶匙	2.5 公克
1 ／ 4 茶匙	1.25 公克左右
少許	食指與大拇指可抓起，約 0.5g

1‧快速簡單的氣炸烤箱料理

本書使用的食材

雞蛋

雞蛋 1 顆的平均重量大約在 60 公克上下，其中，蛋白的重量約 35 公克左右、蛋黃的重量約 20 公克左右，烹調時，蛋白凝固的溫度為 60℃、蛋黃凝固的溫度為 65℃。

雞蛋越新鮮，蛋白和蛋黃就越濃稠，購買時，可以挑選搖晃起來無振動感的雞蛋。雞蛋買回家後存放時，需氣室（鈍端）朝上，尖處朝下，連帶包裝盒置放於冰箱，可保存 10 天左右，除了做甜點前半小時需先從冰箱取出外，使用前不需要退冰。

蔬菜

建議放入氣炸烤箱的蔬食以非葉菜類為主，其中又以根莖類最為適合，如馬鈴薯、地瓜、南瓜、紅蘿蔔等都很耐烤，如果先切塊燙或蒸過能省更多時間，也可預防因烤太久，使蔬菜表面太乾。另外，記得同一爐食材的大小最好都類似，這樣熟的時間會比較相近。

其他可以放的蔬食，如菇類也非常適合，蘑菇是很適合燒烤的食材，蘑菇本身的湯汁在烤完會鎖在蘑菇中，一口咬下真的是爆汁，特別的口感絕對會讓你愛上烤蘑菇。而近來流行的櫛瓜是一種非常中性的食材，煎煮炒炸都適合，也能很好地融入各種味道，尤其搭配起司風味溫潤，不用過多的調味就很美味。

整塊的肉品例如雞腿、雞胸建議使用前先退冰，以免烤完中心還未熟。肉類進烤箱前，可先醃漬過，會更容易入味。

· **雞肉**

雞肉是大家都很愛的一種肉類，不管是從中午便當的雞腿飯到宵夜的雞排、鹽酥雞等，或者是健身的人最愛的雞胸肉，雞肉在台灣絕對是熱門的肉品品項。

其中，因健身風氣而人氣大漲的雞胸肉，因為煮起來容易變得乾柴，所以在料理時要花多一些心思，利用 5% 的鹽水浸漬 2 小時，使其變得更飽水軟嫩，或者是利用優格或蛋白先行醃漬再來調理，也是不錯的方法。

雞肉買回來，不建議清洗，因為在清洗的過程中，雞肉血水中的沙門氏菌、李斯特菌等，容易在清洗過程中散播在流理臺、餐具或其他食材上，重點是要煮熟才能夠徹底滅菌，所以雞肉務必要煮熟才可以。在本書中，白肉都需要退冰烹調，如果是冰在冷凍的話，可在前一天先放在冷藏自然解凍，烹調前半小時再取出。

　　　　　　　　1 · 快速簡單的氣炸烤箱料理

·紅肉

在營養學的定義裡，烹煮前呈現紅色且含較多肌紅蛋白的肉都是紅肉，像是牛肉、豬肉以及羊肉等都屬於紅肉的範疇，也是國人經常選購的肉品。紅肉也不建議清洗，以免清洗過後，因吸收水分而流失風味。

·海鮮

台灣四面環海，有著天然享受海鮮的好條件，一般家庭採購海鮮，通常會大量購買再分裝冷凍。在料理前，再取出一份來煮食，所以，選擇正確的解凍方式也很重要的。像魚類可以前一天從冷凍拿到冷藏慢慢退冰，如果是蝦類或軟體類海鮮，則可以用真空袋或其他包材包覆好，用流水（20℃以下的水溫）沖的方式來解凍，此外，比較不建議採用室溫解凍的方式，因為海鮮存放在 20-25℃間，容易孳生細菌。

而分裝的方式可以依照家裡人數量，分配每餐大約會使用到的份量，像魚類可先把鱗片去除冰起來，蝦類可先把比較長的鬚剪掉，或是剝殼變蝦仁，軟體類像花枝或透抽，可先切片再進行分裝。

其他食材

本書中也使用了市售的半成品食材，如墨西哥餅、義大利麵及冷凍酥皮等，可方便快速地完成各種美味料理。

就從氣炸、焗烤、乾烘、蒸烤
四大基本料理開始

接著，就讓我們從最基本的料理法氣炸、焗烤、乾烘和蒸烤開始嘗試吧！

氣炸

利用氣炸烤箱均勻受熱的烘烤，加上最重要的抹油，就能夠氣炸出酥脆的脆皮餛飩。氣炸要好吃的小技巧，就是在食材擺放時，空間盡量要隔開一些，讓熱對流更有效地進行循環加熱。

脆皮餛飩

材料

市售餛飩...................................10顆
油 1大匙

作法

將餛飩放在烤盤上，均勻地抹上油，放進烤箱，以180℃氣炸20分鐘。

接油盤	180℃	20分鐘	2人份

Tips

氣炸過後的餛飩吃起來外皮酥脆，是道很不錯的茶點，視個人口味，可蘸醬油膏或辣油一起享用，配上濃郁的熱茶就是很棒的中式下午茶。

油品的選擇

氣炸時，當食材上沒有沾粉末的話，抹油會比較均勻，噴油的話，則適用於沾粉類的食材。

而無論是在食材上抹油或噴油，本書使用的油品以橄欖油居多，好的橄欖油發熱點其實很高，用在烘烤與油炸上都沒有問題。

1・快速簡單的氣炸烤箱料理

焗烤

焗烤是超級撫慰人心的一種料理方式，焗烤完的料理，趁熱吃可以享受到起司的奶香、鹹香與牽絲的效果。焗烤選擇的起司如果是切達起司，由於本身即帶鹹味，不妨將食材調味的鹽分降低一些。

焗烤櫛瓜

材料

櫛瓜 2條
洋菇 2朵
莫札瑞拉起司絲 1杯
新鮮羅勒葉 4片
鹽 .. 2公克（使用海鹽會更美味）

接油盤	180°C	20分鐘	2人份

作法

1 櫛瓜洗淨後去除頭尾，切成三段後再對半切，挖除中間芯的部分。

2 洋菇切小丁、羅勒葉切絲。
在櫛瓜凹陷處放入洋菇丁、羅勒葉，撒上海鹽，

3 再以莫札瑞拉起司絲鋪滿表層。

4 把櫛瓜條放置在烤盤上，放進烤箱中層位置，用180°C烤20分鐘。

Tips

· 吃之前，再撒上一些現磨的黑胡椒粉會更香哦！
· 如果買不到羅勒葉，可用九層塔代替。

乾烘

乾烘,利用較低溫度及長時間烘烤來將食物中的水分烘乾,可讓食物保存更長的時間。乾烘的技巧則是在食材進烤箱前,要確實地將水分拭乾,可減少烘烤的時間。如果是要烘烤水果乾的話,水果盡量切薄一些,也可以加速烘乾的速度。

油漬小番茄

| 氣炸籃 | 120 ℃ | 120 分鐘 | 2 人份 |

Tips

油封過後,可放入冰箱冰藏一天後再食用,會更好吃。
這道料理可以當開胃菜,也可以在料理義大利麵時加入。小番茄經過烘烤過後,會帶出本身的酸與甜,風味相當好,當然也要配上好的橄欖油來油漬,才能更相輔相成哦!

材料

小番茄...2杯
鹽 ....10公克(使用海鹽會更美味)
橄欖油...2杯

作法

① 小番茄洗淨後對半切,放在烤盤上,均勻地撒上一層鹽。
② 放進氣炸烤箱中,以120℃烘烤120分鐘。
③ 出爐後待涼,放到乾淨無水的密封罐中,倒入橄欖油。

低溫烘乾的溫度設定

鳳梨乾	70℃	120 分鐘
柳橙乾	90℃	120-180 分鐘
奇異果乾	70℃	120 分鐘

蒸烤

將食材完整地用烘焙紙包覆起來，利用烤箱的溫度在紙裡產生水蒸氣的熱循環，可達到蒸烤的效果，保留食物的原味及濕潤度。在各式各樣的食材中，海鮮或魚類最常被拿來做紙包料理，但其實肉類也可以，只需留意將食材大小切成一樣，會比較容易熟透。

絲瓜蝦仁

| 接油盤 | 200 ℃ | 15 分鐘 | 2 人份 |

材料

絲瓜 1條
蝦仁 10尾
薑汁 1茶匙
油......................................1茶匙
鹽..1茶匙（使用海鹽會更美味）

> **Tips**
> 蝦仁也可以換成蛤蜊哦！如果換成蛤蜊的話，記得要先浸泡鹽水（鹽15公克，水500ml的比例）2小時，吐沙完再來料理。

作法

1. 絲瓜削皮後，切成5x2公分的小塊。
2. 將絲瓜、蝦仁依序放在烘焙紙中，淋上油及薑汁，撒上鹽，包覆好（見紙包示範圖）放在接油盤上，送進烤箱放置中層位置，以200℃烤15分鐘。

紙包方式

先將食材放在烘焙紙中間，下方三分之一處往上折，上方三分之一處往下折，再將右側從上到下慢慢往內折，再將左側從上到下慢慢往內折即可。

一起來氣炸冷凍即時料理吧

現代人的生活和工作都十分忙碌，有時會在超市選購一些冷凍即食料理，這邊幫大家整理了熱門品項所需要的烤溫以及時間設定，快速就能享受即時美味。

氣炸籃	180°C	8+6分鐘

雞塊

作法

❶ 將雞塊放進氣炸籃中，以180°C氣炸8分鐘後，取出翻面，再氣炸6分鐘。

雞塊 15 塊

薯餅 4 塊

薯餅

🍳 氣炸籃 | 🌡 200℃ | 🕐 8+8分鐘

作法

將薯餅放進氣炸籃中，以200℃氣炸8分鐘後，取出翻面，再氣炸8分鐘。

6吋披薩 1 塊

披薩

🍳 接油盤 | 🌡 220℃ | 🕐 10分鐘

作法

將披薩放到接油盤上，以220℃氣炸10分鐘。

氣炸籃	180°C	8分鐘

起司條

作法

將起司條放進氣炸籃中,以180℃氣炸8分鐘。

起司條 15 條

薯條

氣炸籃	200°C	15分鐘

作法

將薯條放進氣炸籃中,以200℃氣炸15分鐘。

薯條 2 杯

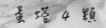
蛋塔 4 顆

葡式蛋塔

氣炸籃 | 170℃／155℃ | 5+8分鐘

作法

將蛋塔面朝下放進氣炸籃中，以170℃氣炸5分鐘後，取出翻面，再調至155℃氣炸8分鐘。

雞米花 2 杯

氣炸籃 | 200℃ | 10 分鐘

雞米花

作法

將雞米花放進氣炸籃中，用200℃氣炸10分鐘。

2

高營養的雞蛋、豆腐
與原味蔬食料理

酪梨烤蛋 主食 減醣

多功能層架	200℃	15分鐘	2人份

酪梨絕對是這幾年來最流行的食材，營養豐富，非常適合於早餐食用，加上雞蛋一起烤，不用過多的調味，簡簡單單就能享受美味。

材料

中型酪梨..2顆
雞蛋...4顆
鹽........ 1/4茶匙（使用海鹽會更美味）
黑胡椒粉... 少許

作法

❶ 酪梨對半切，然後去籽。用湯匙將酪梨中間挖空（約可容納1顆蛋的空間）。

❷ 將1顆雞蛋打入半個酪梨中，兩半皆做同樣處理。上方各撒一半鹽與黑胡椒粉。

❸ 將酪梨放置在多功能層架，放置中層，以200℃烤15分鐘即可出爐。

> *Tips*
> 台灣產的酪梨較大顆，可放入較多的食材，如培根碎、番茄碎、鮭魚碎，都很適合。

2・高營養的雞蛋、豆腐與原味蔬食料理

蛋白雲朵蛋 主食

接油盤	180℃	8分鐘	2人份

雲朵蛋是以攪拌器打發蛋白,再用湯匙挖到鋪上烘焙紙的烤盤,稍微壓出凹槽放入蛋黃烤製而成,看起來夢幻無比,做起來就是這麼簡單。要吃的時候,可以搭配生菜、培根等食材一起享用。

材料

雞蛋 2顆
鹽 .... 0.5公克（使用鹽之花會更美味）
黑胡椒粉 .... 少許

作法

❶ 將雞蛋的蛋白與蛋黃分開，蛋白的部分
以電動攪拌器打發（打發程度至攪拌器
拉起往上，會呈現尖尖的）。

❷ 準備一張烘焙紙（約25公分x25公分），
平鋪在烤盤上。將打發的蛋白平鋪在烘
焙紙上，拿一根湯匙在中間壓出小凹
槽。

❸ 在凹槽處放上蛋黃（1顆），送進烤箱中
層，以180°C烤8分鐘。

❹ 出爐後，撒上鹽及黑胡椒粉即可。

Tips
食量比較大的人，可把
雲朵蛋放在厚片吐司上
一起烤（在 ❸ 將蛋白鋪
在厚片吐司上），就會
很飽足哦！

2‧高營養的雞蛋、豆腐
與原味蔬食料理

太陽蛋吐司 主食

接油盤	180℃	10分鐘	1人份

最方便的早餐就是雞蛋與吐司了。如果吃膩了吐司夾煎蛋，太陽蛋吐司會是一個不錯的選擇，只要 10 分鐘，就能享受美味早餐囉！

材料

吐司 2片
雞蛋 1顆
美乃滋 1/2大匙
莫札瑞拉起司 1/2杯
鹽..1小匙（使用海鹽會更美味）
黑胡椒粉 ....少許

作法

❶ 取一片吐司，挖去中間部分，使其呈正方形。

❷ 在另一片完整的吐司上抹一層美乃滋。

❸ 將完整的吐司蓋上中間挖空的吐司，然後輕壓。在凹處放打上1顆雞蛋。

❹ 在第二片吐司周圍放上莫札瑞拉起司絲。放進烤箱中層，以180℃烤10分鐘，出爐後，撒上鹽及黑胡椒粉即可。

Tips
喜歡蛋黃半熟的，可以減少2分鐘的烘烤時間。

培根蛋杯 主食

瑪芬烤盤	180℃	15分鐘	3人份

太太非常喜歡吃培根，不管是煎的還是烤的，都是心頭好。培根和蛋是超棒的早餐好朋友，在蛋杯底部麵包上方加了莫札瑞拉起司，吃起來香濃美味。

材料

吐司 2片
培根 6條
莫札瑞拉起司 1杯

雞蛋 6顆
鹽 ....1公克（使用海鹽會更美味）
黑胡椒粉 1公克

作法

❶ 將吐司以玻璃杯杯口輕壓，壓出6小片直徑約5公分的吐司片。

❷ 6片吐司片分別放置在馬芬烤盤中，周圍圍上培根。在6片吐司上放莫札瑞拉起司絲後，再各打入1顆雞蛋。

❸ 將烤盤放入烤箱的中層，以180℃烤15分鐘。取出後，撒上鹽及黑胡椒粉調味即可。

甜椒蛋杯 主食

接油盤	180℃	15 分鐘	4 人份

甜椒是太太十分喜歡的食材之一，不只配色好看，營養也滿分。這次就把甜椒當成容器，跟雞蛋一起撞出火花吧！

材料

甜椒 4顆
培根 2片
雞蛋 4顆
鹽 ....1公克（使用海鹽會更美味）
羅勒香料 1/8茶匙
莫札瑞拉起司 1杯

Tips

蛋液倒入甜椒中約8分滿即可，因蛋液會稍稍膨脹哦！

作法

❶ 將甜椒切除上方的1/5，去除內部的籽及白膜。培根切成1公分小丁備用。

❷ 雞蛋4顆打散用筷子打散在盆中，加入培根、鹽以及羅勒香料攪拌均勻。

❸ 將蛋液倒入甜椒中，鋪上莫札瑞拉起司絲，放在烤盤中層，以180℃烤15分鐘。

2 · 高營養的雞蛋、豆腐與原味蔬食料理

番茄藜麥杯 主食 減醣

接油盤	180 ℃	15 分鐘	2 人份

藜麥是這幾年的很夯的超級食物,營養又好吃,代替米飯可增加蛋白質及膳食纖維。番茄藜麥杯是將內餡放入番茄盅裡,再放上莫札瑞拉起司焗烤,營養豐富,口味多變,簡簡單單,健康又美味。

材料

牛番茄	3顆	鹽少許	(使用海鹽會更美味)
三色藜麥	1/2杯	橄欖油	1茶匙
毛豆	1大匙	黑胡椒粉	1/8茶匙
香菜末	1大匙	莫札瑞拉起司絲	1/2杯

作法

❶ 番茄切除上方的1/5,挖空內裡備用。
將1顆雞蛋打入半個番茄中,兩半皆做同樣處理。

❷ 準備一鍋滾水煮熟藜麥和毛豆,煮熟後瀝乾水分放進調理盆中,加入香菜末、鹽、橄欖油及黑胡椒粉攪拌均勻。

❸ 將藜麥餡料放進番茄杯中,撒上莫札瑞拉起司絲,放進烤箱,以180℃烘烤15分鐘。

Tips
因為使用了莫札瑞拉起司絲,所以鹽的用量只要一點點就好,以免過鹹。

蛋白起司塔 主食 減醣

瑪芬烤盤 接油盤	180 ℃	15 分鐘	3 人份

蛋白起司塔是愛美人士的最佳選擇，蛋白的熱量較低，佐上脆口的青花菜，加一點帕瑪森起司增添奶香，在風味及口感上都非常迷人。

材料

青花菜	1/4顆	蛋白	6顆
火腿	1片	帕瑪森起司粉	2大匙

作法

❶ 青花菜洗淨後，切碎。火腿切絲。

❷ 把蛋白、青花菜碎及帕瑪森起司粉放入調理盆中，用筷子攪拌均勻。

❸ 將蛋液均勻等量地個別倒入瑪芬烤盤中，鋪上火腿絲，放入烤箱中層，以180℃烤15分鐘。

Tips

· 因為帕瑪森起司本身即具淡淡的鹹味，可視個人口味決定是否要添加鹽來調味，或者蘸番茄醬或其他醬料來食用。

· 如果沒有瑪芬烤盤，也可以改用其他耐熱的6個小烤皿來替代。

青花菜蛋餅 主食 減醣

鑄鐵鍋 接油盤	180 ℃	20 分鐘	2 人份

青花菜營養又健康，切碎後，加上蛋液與莫札瑞拉起司，再佐以九層塔斯獨特的香氣，口感層次豐富，當主食、配菜或點心都很適合。

材料

青花菜 1/2顆	莫札瑞拉起司絲 1/2杯
九層塔葉.................................3片	鹽.................1公克（使用海鹽會更美味）
雞蛋 2顆	黑胡椒粉.............................1公克

作法

❶ 青花菜洗淨後切碎、九層塔切絲。

❷ 青花菜碎及九層塔絲放入調理盆中，打入2顆雞蛋，放入莫札瑞拉起司、鹽、黑胡椒粉，以筷子攪拌均勻。

❸ 將青花菜內餡放到鑄鐵鍋（或深烤皿）中，送進烤箱，以180℃烤20分鐘。

2・高營養的雞蛋、豆腐
與原味蔬食料理

咖哩馬鈴薯蛋燒 配菜

| 接油盤 | 200 ℃ | 15 分鐘 | 2 人份 |

這是一道有著濃濃異國風情的料理，咖哩加上雞蛋、馬鈴薯以及洋蔥，味道鮮甜且口感豐富，可當作一道配菜上桌。

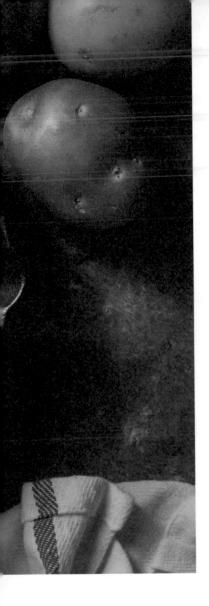

材料

馬鈴薯	1/2顆
咖哩粉	1大匙
鹽	2公克
水	1茶匙
雞蛋	2顆
油	1茶匙
洋蔥末	1大匙
青豆	1大匙

作法

❶ 將馬鈴薯洗淨後,連皮切成薄片備用。

❷ 咖哩粉、鹽和水放入小碗中,用筷子攪拌均勻備用。雞蛋打入碗中,用筷子打散備用。

❸ 在鑄鐵鍋中倒入油及洋蔥末,以小火炒香。放入馬鈴薯片及青豆拌炒,待馬鈴薯呈現半透明狀,關火。

❹ 鑄鐵鍋放置微溫後,倒入蛋液。將鑄鐵鍋放在烤盤上,放進烤箱中層,以200℃烤15分鐘。

Tips

· 咖哩粉與水先攪拌均勻,會比較好融合在蛋液中。
· 如果喜歡吃辣,不妨加些辣椒粉或辣椒末在咖哩粉中混合攪拌。
· 如果沒有鑄鐵鍋,可改用一般平底鍋炒,再倒入深盤中烤。

2．高營養的雞蛋、豆腐
與原味蔬食料理

馬鈴薯烘蛋 ^{配菜}

接油盤	200°C	15分鐘	2人份

太太非常喜歡馬鈴薯鬆軟的口感，不管煎、煮、炒、炸樣樣都美味。這道馬鈴薯烘蛋是經典的西班牙料理，用大量的橄欖油炒香洋蔥及馬鈴薯，可任意添加喜歡的食材，倒入蛋液，放進烤箱烹調，美味又簡單的馬鈴薯烘蛋就好囉！

材料

馬鈴薯	1顆	雞蛋	2顆
洋菇	2朵	鹽	2公克（使用海鹽會更美味）
橄欖油	2大匙	黑胡椒粉	1公克
洋蔥絲	1/2杯		

作法

❶ 馬鈴薯洗淨後削皮，切成約0.2公分薄片備用。洋菇擦拭表面後，切約0.1公分的薄片。

❷ 雞蛋打入盆中，與黑胡椒粉及鹽，用筷子攪拌均勻。

❸ 鑄鐵鍋用中小火熱鍋，在鍋中倒入橄欖油，放入洋蔥及馬鈴薯炒軟。加入洋菇拌炒，倒入蛋液，續煮1分鐘後起鍋。

❹ 將鑄鐵鍋放在烤盤中，放入烤箱，以200°C烤15分鐘。

Tips

· 如果沒有鑄鐵鍋，可改用一般平底鍋炒，再倒入深盤中烤。

· 洋菇用廚房紙巾擦拭表面或剝除表皮就可以使用，清洗會減弱風味並吸收過多水分。

番茄半熟蛋 配菜

鑄鐵鍋接油盤	170℃	8分鐘	2人份

番茄半熟蛋是道異國料理，加入了紅椒粉與孜然粉，有著特殊的風味，它還有許多別名，如以色列番茄蛋、北非番茄水波蛋、香料蕃茄蛋等。這道料理的材料中，番茄沙司及甜椒是必備的，只要掌握此關鍵，便可以自行變化，做出更多不同口味。

材料

番茄沙司	1罐	橄欖油	1大匙
甜椒丁	1/2杯	雞蛋	2顆
洋蔥絲	1/2杯	鹽	1公克
蘑菇片	1大匙	黑胡椒粉	2公克

作法

❶ 在鑄鐵鍋中倒入橄欖油，放入洋蔥絲與甜椒丁以小火拌炒。炒軟後，放入蘑菇片、鹽、黑胡椒粉及番茄沙司，煮1分鐘。

❷ 關火打入雞蛋。將鑄鐵鍋放在烤盤中，放進烤箱，以170℃烤8分鐘即可。

> *Tips*
> ・料理完趁熱，家裡若有法棍，可切片烤熱或是拿片餅乾，把這道料理當成蘸醬食用。
> ・如果沒有鑄鐵鍋，可改用一般平底鍋炒，再倒入深盤中烤。

2．高營養的雞蛋、豆腐與原味蔬食料理

酥炸櫛瓜條 配菜

| 接油盤 | 190 ℃ | 15 分鐘 | 2 人份 |

材料

櫛瓜 2條

雞蛋 1顆

鹽 ....4公克（使用海鹽會更美味）

帕瑪森起司粉 2大匙

麵粉 2大匙

麵包粉 2大匙

橄欖油 2大匙

作法

❶ 櫛瓜洗淨後，對半等切成長條狀。

❷ 雞蛋打入碗中，放入鹽及帕瑪森起司粉，用打蛋器拌勻。取一乾淨的盤子，將麵粉與麵包粉分別放到盤中。

❸ 將櫛瓜條均勻沾上麵粉後，然後沾蛋液，最後再沾裹一層麵包粉。

❹ 把櫛瓜條排放到烤盤上，均勻地噴上橄欖油，放置烤箱中層，以190℃烤15分鐘即可。

┌─ *Tips* ────────────────────────┐
· 櫛瓜可切厚一些，烤過之後，一口咬下多汁而美味。
· 酥炸櫛瓜條、鹽酥雙花、味噌花椰菜及香烤蘑菇這四道菜，可以任選其中兩道，將氣炸籃放在上方，烤盤放在下方同時料理，下方烤盤中的料理若不夠熟，可再另外延長加熱10分鐘。
└──────────────────────────────┘

2· 高營養的雞蛋、豆腐
與原味蔬食料理

鹽酥雙花 配菜

氣炸籃	190℃	15分鐘	2人份

材料

花椰菜 1顆
青花菜 1顆
橄欖油 1大匙
椒鹽粉 1/4茶匙

作法

1 花椰菜和青花菜洗淨後切成適口大小，去除梗的粗纖維後放置在調理盆中。

2 倒入橄欖油後，以筷子拌勻。

3 將花椰菜放至氣炸籃中，放置中層，以190℃烤15分鐘即可取出。

4 取出後，均勻撒上椒鹽粉即可。

味噌花椰菜 減醣

🍱 接油盤	🌡️ 190 ℃	🕐 15 分鐘	🍚 2 人份

材料

花椰菜 1顆

味噌 1大匙

水.............................1大匙

味醂 1茶匙

橄欖油 1大匙

作法

❶ 花椰菜洗淨後切成適口大小，去除梗的粗纖維後放置在調理盆中。

❷ 味噌、水及味醂放到小碗中，以打蛋器攪拌均勻。將醬料淋在花椰菜上，稍加拌勻。

❸ 花椰菜放在烤盤中，噴上橄欖油，放進烤箱中層，用190℃氣炸15分鐘。

2·高營養的雞蛋、豆腐
與原味蔬食料理

香烤蘑菇 配菜

| 接油盤 | 190℃ | 15分鐘 | 2人份 |

材料

蘑菇 8朵
鹽 .. 2公克（使用海鹽會更美味）
迷迭香 2公克
橄欖油 1/4茶匙
帕瑪森起司粉 1大匙

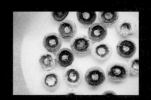

作法

① 蘑菇擦拭表面後，摘除蘑菇蒂頭。
② 蘑菇倒過來放，撒上鹽與迷迭香後，然後淋上橄欖油。
③ 蘑菇凹槽處朝上，排放到烤盤上，放進烤箱中層，用190℃烤15分鐘後取出，撒上帕瑪森起司粉即完成。

Tips
烤過的蘑菇會變得較小，建議挑大朵一點的來使用。

起司茄子捲 配菜

接油盤　180℃　20分鐘　2人份

材料

茄子	2條
新鮮羅勒葉	4片
番茄沙司	1/2罐
帕瑪森起司粉	1大匙
白醬	4杯
黑胡椒粉	2公克

Tips

・將茄子刨片捲起來烤，成品相當漂亮，端上桌肯定會讓人驚艷，底部用了番茄調味，上方再淋上白醬，在番茄酸甜的口味中多了白醬的奶香，潤滑又順口。

・買不到羅勒葉可用九層塔代替。焗烤櫛瓜和起司茄子捲這兩道菜，也很適合同時放入烤箱料理，若烤盤放不下，可各自減少份量。

作法

❶ 茄子洗淨後，用刨刀刨成片狀（約0.1公分）。羅勒葉切絲備用。

❷ 在鑄鐵鍋中倒入番茄沙司，茄子捲緊放入鍋中直到放滿，撒上帕瑪森起司粉後，淋上白醬。

❸ 將鑄鐵鍋放置在接油盤上，放進烤箱中層，以180℃烤20分鐘，出爐後，撒上羅勒葉絲及黑胡椒粉。

2・高營養的雞蛋、豆腐與原味蔬食料理

香料玉米筍 配菜

氣炸籃	180°C	12分鐘	2人份

材料

玉米筍 10枝

乾燥奧勒岡葉 1茶匙

鹽 ....2公克（使用海鹽會更美味）

橄欖油 1茶匙

作法

❶ 玉米筍放入調理盆中，倒入奧勒岡葉、鹽及橄欖油，用筷子攪拌均勻。

❷ 將玉米筍放入氣炸籃中，放進烤箱中層，以180℃烤12分鐘。

Tips

玉米筍是很適合燒烤的食材，表面記得要均勻裹上油，口感才不會過於乾澀。

泰味甜辣 配菜
茭白筍

接油盤	200 ℃	20 分鐘	2 人份

材料

茭白筍 3根

橄欖油 1茶匙

泰式甜辣醬 1大匙

鹽 ....1茶匙（使用海鹽會更美味）

作法

❶ 茭白筍去殼，滾刀切塊（長度約4公分）。

❷ 在烘焙紙上鋪放茭白筍，淋橄欖油與泰式甜辣醬，再撒上鹽，包覆好（見紙包示範圖P032）放在烤盤上，放進烤箱的中層位置，以200°C烤20分鐘。

Tips

茭白筍有著美人腿的稱號，吃起來多汁又清爽，好吃的茭白筍挑選是有訣竅的，看起來光滑、筆直、外殼沒有裂縫的茭白筍，口感清脆，吃起來也較嫩。

2．高營養的雞蛋、豆腐
與原味蔬食料理

奶油蒜味 高麗菜 配菜

接油盤	200℃	15 分鐘	2 人份

材料

高麗菜......................................50公克
鹽.................1茶匙（使用海鹽會更美味）
奶油..10公克
蒜末..1大匙

作法

❶ 高麗菜洗淨後切塊，放在烘焙紙中。

❷ 均勻地撒上鹽、蒜末，再放入奶油，包覆好（見紙包示範圖P032）放在烤盤上，放進烤箱中層位置，以200℃烤15分鐘。

蒜味杏鮑菇 配菜

接油盤	180 °C	15 分鐘	2 人份

材料

杏鮑菇...3根
蒜末 2大匙
黑胡椒粉 1/8大匙
鹽....................1茶匙（使用海鹽會更美味）
橄欖油...1茶匙

作法

❶ 杏鮑菇切片約0.2公分厚的薄片。

❷ 將杏鮑菇放在烘焙紙上，均勻撒上蒜末、黑胡椒粉、鹽及橄欖油，包覆好（見紙包示範圖P032）放在烤盤上，放進烤箱中層位置，用180°C烤15分鐘。

Tips

· 切片熟的速度會比較快，喜歡有口感的話，可以切滾刀狀，加熱時間再拉長5分鐘即可。
· 蒜味杏鮑菇很適合在烤肉露營時來上一份，只要記得把烘焙紙改成鋁箔紙就可以了。

2·高營養的雞蛋、豆腐
與原味蔬食料理

奶油綜合菇 配菜

🗄 接油盤	🌡 180 ℃	🕐 15 分鐘	🍚 2 人份

材料

奶油 20公克
醬油 1大匙
鴻禧菇 1/2包
美白菇 1/2包
蘑菇 4朵

作法

❶ 鴻禧菇及美白菇切除根部後，剝散。蘑菇擦拭表面後切成0.2公分厚的薄片。

❷ 在烘焙紙上放入三種菇，淋上醬油並放入奶油，將烘焙紙包覆好（見紙包示範圖P032）放在烤盤上，放進烤箱中層，以180℃烤15分鐘。

> *Tips*
> ·這道料理適用許多種菇類，可自行選擇喜歡的菇種。
> ·奶油加醬油這個口味非常有趣，奶油香中帶有醬油的醬香味及鹹香，搭上菇類特有的菌菇味，會讓人意猶未盡。

台式炸豆腐 配菜

氣炸籃	200 ℃	12+12 分鐘	2 人份

每次吃鹹粥時總會點一盤台式炸豆腐，一口咬下，香酥的外皮有著板豆腐濃郁的豆香，先吃一口原味，再蘸醬油膏及蒜味辣椒醬，這就是我的獨家吃法。

材料

板豆腐 1塊
油 1大匙

作法

❶ 將板豆腐切塊（約3X3公分）。

❷ 將板豆腐六面均勻地用油刷刷上油，放置氣炸籃中送進烤箱的中層，以200℃烤12分鐘後，取出翻面，再繼續烤12分鐘。

Tips

氣炸後的豆腐吃起來跟現炸一樣，絕不能省去抹油這個動作，出爐後可蘸喜歡的醬料來食用。

2‧ 高營養的雞蛋、豆腐
與原味蔬食料理

和風唐揚豆腐 配菜

接油盤	200 ℃	8+8 分鐘	2 人份

日式唐揚有著外酥內軟的特色，選用嫩豆腐或雞蛋豆腐都很適合，最後一定要沾日式醬汁才對味，吃的時候，可再撒上少許七味粉增添香味。

材料

雞蛋豆腐	1盒
雞蛋	1顆
麵粉	2大匙
麵包粉	1杯
油	1大匙

醬汁

鰹魚醬油	1大匙
水	1大匙
味醂	1茶匙
蘿蔔泥	1茶匙

作法

❶ 將雞蛋豆腐切塊（約3X3公分）。將醬汁的所有材料放置小碗中，用筷子攪拌均勻即可。

❷ 雞蛋打入小碗中用筷子攪拌均勻，麵粉與麵包粉分別放在空盤上備用。

❸ 雞蛋豆腐先沾上一層麵粉，然後裹上蛋液，再沾麵包粉放在接油盤上。

❹ 在豆腐表面均勻地噴上食用油，放進烤箱的中層位置，以200℃烤8分鐘後取出翻面，再繼續烤8分鐘。

Tips

炸好的唐揚豆腐，可直接淋上醬汁，或者是將醬汁另外盛放，待食用時再蘸。

2・高營養的雞蛋、豆腐
與原味蔬食料理

3

烤炸都美味的滿足肉料理

香料雞柳棒 開胃菜

接油盤	180 °C	20 分鐘	2 人份

用氣炸烤箱做出的雞柳棒方便好吃,可以當配菜也可以當點心,利用麵包粉噴上橄欖油,讓烤箱的高溫烤出酥脆的外皮。

材料

雞里肌	10條	麵粉	1大匙
義大利綜合香料	1/4茶匙	麵包粉	2大匙
鹽	2公克	橄欖油	1大匙
雞蛋	1顆		

作法

❶ 雞里肌放入調理盆中,以義大利綜合香料及海鹽醃漬半小時。

❷ 雞蛋打到小碗中,打蛋器攪拌成均勻的蛋液。

❸ 雞柳條依序沾裹上一層麵粉、蛋液及麵包粉。

❹ 將雞柳條放到烤盤中,噴上橄欖油,以180℃烤20分鐘。

明太子雞翅 開胃菜

氣炸籃	190 °C	20 分鐘	2 人份

每次到日式餐廳，只要看到明太子手羽便會忍不住想點，等到親手做後才發現這道料理真的是手路菜，光是去骨就得花上不少時間跟耐心，難怪要價不菲，如果有時間做的話，一定要一次多做一點冷凍起來，想吃時，隨時可以氣炸來享用，另外網路上也有販售去好骨的雞翅，使用起來會更方便。

材料

去骨雞中翅...8隻
鹽................1茶匙（使用海鹽會更美味）
味醂 1大匙
黑胡椒粉.................................2公克
明太子 200公克

作法

❶ 將雞翅去骨（可買已去好骨頭的雞翅），放入調理盆中。

❷ 倒入鹽、味醂及黑胡椒粉醃漬10分鐘。

❸ 明太子去除薄膜，等分成8份，塞入雞翅中。

❹ 將雞翅放置氣炸籃中，以190℃烤20分鐘完成。

Tips

· 由於明太子本身即帶有鹹味，在雞翅的調味上可以減輕，以免過鹹。
· 雞翅由於油脂含量比較高，不必抹油就可以直接氣炸。

紐澳良雞翅 開胃菜

氣炸籃	180 ℃	20 分鐘	2 人份

紐澳良風味酸甜中帶辣，是美式餐廳的招牌開胃菜。做法其實非常簡單，把醬汁調好之後，等待炸雞翅出爐，淋上醬汁，讓雞翅牢牢地抓住醬汁，一道美味的紐澳良雞翅就完成囉！

材料

雞翅 6隻
白酒 1茶匙
麵粉 1大匙

醬汁

番茄醬 2大匙
紅椒粉 1茶匙
蒜粉 ..1茶匙（可用蒜泥代替）

辣椒粉 1茶匙
蜂蜜 1茶匙
檸檬汁 1大匙
黑胡椒粉 ....少許

作法

❶ 雞翅放入盆中，以白酒在室溫醃漬半小時後，均勻沾裹上一層麵粉，放置氣炸籃中上，送入烤箱中以180℃烤20分鐘。

❷ 將所有醬汁材料料攪拌均勻，放入另一個乾淨的調理盆中，把氣炸好的雞翅放入，裹上醬汁即可食用。

Tips
雞翅油脂比較多，沾完麵粉後不必抹油，就可以氣炸得非常酥脆。

雞胸藜麥沙拉 開胃菜 減醣

接油盤	180 ℃	25 分鐘	2 人份

好吃清爽的雞胸藜麥沙拉，可在大吃大喝的假日過後準備一份，讓心靈與味蕾重新沉澱，元氣滿滿地迎接新的一週到來。

材料

雞胸肉 1片
鹽Ⓐ .... 1公克 （使用海鹽會更美味）
藜麥 1/2杯
黑胡椒粉 .... 少許

生菜

小番茄 10顆
美生菜 2片
橄欖油 1大匙
檸檬汁 1大匙
鹽Ⓑ .... 少許 （使用海鹽會更美味）

作法

❶ 雞胸肉用鹽Ⓐ在室溫下醃漬半小時，放進烤箱前撒上黑胡椒粉，以180℃烤25分鐘。

❷ 準備一個湯鍋，將藜麥煮熟、小番茄對切、美生菜切粗絲備用。

❸ 將藜麥、小番茄、美生菜、橄欖油、檸檬汁與鹽Ⓑ攪拌均勻，放到盤子中。

❹ 取出烤好的雞胸肉，切塊放在藜麥上，撒上黑胡椒粉，即完成。

3．烤炸都美味的滿足肉料理

骰子牛沙拉 開胃菜

接油盤	200℃	10分鐘	2人份

這道骰子牛沙拉，作法超簡單，沙拉的部分可選擇喜歡的生菜做成冷沙拉，也能選擇根莖類的蔬菜燙熟切塊，做成溫沙拉版本。

材料

牛肉 200公克
鹽 .... 1公克（使用海鹽會更美味）
橄欖油 10ml
牛番茄 1顆
貝比生菜 80公克

洋蔥絲 .... 少許
沙拉醬 2大匙
帕瑪森起司粉 .... 適量

作法

❶ 牛肉切成約2x2公分的正方形，撒上均勻鹽跟橄欖油，醃漬半小時。牛番茄去蒂切成6塊。

❷ 牛肉放置在接油盤上，以200℃烤10分鐘取出。

❸ 準備一個盤子，依序放上生菜、洋蔥絲、番茄塊、沙拉醬及骰子牛，撒上帕瑪森起司粉，即完成。

Tips

沙拉醬跟生菜，都可以自行選用喜歡的口味或種類哦！

3．烤炸都美味的滿足肉料理

蘆筍培根捲 配菜

| 接油盤 | 180°C | 15分鐘 | 2人份 |

材料

蘆筍 36根
培根 6片
黑胡椒粉 .... 少許

作法

❶ 蘆筍削除粗纖維後，切除尾端，再對半切。培根對半切。
❷ 每一片培根都包捲6根蘆筍，重複此動作至全數捲完。
❸ 將蘆筍培根捲放置氣炸籃中，用180°C氣炸15分鐘。
❹ 出爐後，撒上黑胡椒粉增添香氣。

雞肉培根捲 配菜

| 接油盤 | 180°C | 20分鐘 | 2人份 |

材料

雞胸肉 2片
培根 8條
乾燥迷迭香香料 2公克

作法

❶ 把雞胸肉切成條狀。培根對半切。
❷ 用培根包捲雞肉條，收尾朝下，放置在烤盤上，撒上迷迭香香料，以180°C烤20分鐘。

3‧烤炸都美味的滿足肉料理

台式椒麻雞 主菜

氣炸籃接油盤	200 ℃	30 分鐘	2 人份

氣炸後的雞腿減少了許多油膩感，加上麻辣又酸甜的醬汁，真是美味極了，記得多煮碗白飯來配喔！

材料

去骨雞腿排 1片
醬油 1大匙
米酒 1大匙
麵粉 2大匙
油 1茶匙
高麗菜絲 1杯

醬汁

辣椒 1根
大蒜 2瓣
香菜 1株
蔥 1根

檸檬汁 1大匙
醬油 1大匙
水 1大匙
花椒粉 1/4茶匙

作法

1 將雞腿排放入調理盆中，倒入醬油、米酒，放入冰箱冷藏醃漬1小時。

2 處理醬料部分，辣椒、大蒜、香菜、蔥切成末。接著將所有切末的辛香料、檸檬汁、醬油、水及花椒粉放置小盆中，以湯匙攪拌均勻即可。

3 雞腿肉取出後，抹上一層麵粉。把雞腿肉放在接油盤中，抹上薄薄一層油，以200℃烤30分鐘。

4 把高麗菜絲鋪在盤中，雞腿取出後切片，擺在高麗菜絲旁，淋上醬汁即可。

3·烤炸都美味的滿足肉料理

蠔油嫩雞 主菜

接油盤	200 °C	25 分鐘	2 人份

雞肉也可以做紙包料理，將雞肉切塊蘆筍切段，撒上醬汁以及調味料，其他就可以安心交給氣炸烤箱，坐好等出爐囉！

材料

無骨雞腿肉 1片
蘆筍 5枝
米酒 1茶匙
醬油 1茶匙

白胡椒粉 1/4茶匙
蠔油 1大匙
蔥綠絲 1根

作法

❶ 雞腿肉切大約4公分的小塊、蘆筍去除粗纖維後，切成4公分的小段。

❷ 取一調理盆，放入米酒、醬油、白胡椒及雞腿塊，醃漬半小時。

❸ 準備1張30x20公分的烘焙紙，放入雞腿塊、蘆筍，淋上蠔油，完整包覆（見紙包示範圖P032）放在烤盤上，放進烤箱，以200°C烤25分鐘。

❹ 盛盤後，放上蔥絲。

3．烤炸都美味的滿足肉料理

迷迭香雞胸 主菜 減醣

接油盤	180°C	30分鐘	2人份

雞胸肉料理後容易乾柴，利用希臘優格醃漬過後，口感會變得柔軟多汁，進入烤箱前撒上迷迭香，超商賣得貴貴的迷迭香雞胸就簡單地完成囉！

材料

雞胸 2片
希臘優格 1大匙
橄欖油 1大匙

鹽 .... 1茶匙（使用海鹽會更美味）
乾燥迷迭香 1大匙

作法

❶ 雞胸肉外層均勻地抹上優格，裝入保鮮盒中放進冰箱醃漬2小時。

❷ 從冰箱取出雞胸，用廚房紙巾將優格擦拭掉，抹上橄欖油，撒上鹽和迷迭香，放在烤盤上，送進烤箱，以180℃烤30分鐘。

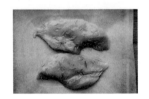

毛豆雞肉球 主菜 減醣

接油盤	180 ℃	20 分鐘	2 人份

毛豆雞肉球使用了雞腿肉，加入毛豆與香菜增添口感及香氣，一口咬下，口感Q彈軟嫩，風味十分清爽。

材料

去骨雞腿肉	2塊
毛豆	1杯
香菜末	1大匙
白胡椒粉	1公克
鹽	1公克（使用海鹽會更美味）

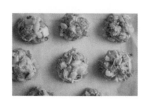

作法

❶ 雞腿肉去皮後放入攪拌器中，以中速打成絞肉，取出放入調理盆，加入生毛豆、香菜末、白胡椒粉及鹽，用手攪拌均勻後，拍打成團。

❷ 將雞肉內餡均勻地捏成小球狀，放在接油盤上，送進烤箱，以180℃烤20分鐘。

> *Tips*
> 若沒有攪拌器，也可以請攤商代為處理或自行剁碎。

香酥雞腿排 主菜

▭	🌡	⏱	▽
氣炸籃	200 ℃	30 分鐘	2 人份

雞腿排用氣炸的，可以省去開火吸
油煙的困擾，吃起來又香酥可口，
是輕鬆又方便的一道美味料理。

材料

去骨雞腿排 4片
米酒 1大匙
鹽 ....1茶匙（使用海鹽會更美味）
麵粉 1大匙

作法

❶ 雞腿排放入調理盆中，倒入米
酒及鹽醃漬半小時。

❷ 雞腿排均勻沾上一層麵粉，放
置氣炸籃中，以200℃烤30分
鐘。

3・烤炸都美味的滿足肉料理

豆腐雞胸漢堡排 主菜

接油盤	210 °C	15 分鐘	3 人份

雞胸肉做的漢堡排印象中吃起來會非常乾澀，但在加了板豆腐後，就完全不一樣。加入豆腐會讓雞肉漢堡排的口感變得鮮嫩多汁，顛覆雞胸肉的乾澀口感。

材料

板豆腐 1盒
雞胸肉 2片
洋蔥末 1/2杯
麵包粉 1/2杯
麵粉 1大匙

鹽 ....1公克（使用海鹽會更美味）
白胡椒粉...少許

作法

❶ 板豆腐先放在深盤中，上頭壓重物壓出水分（需半小時）。

❷ 雞胸肉放入食物處理機中，以中速打成絞肉。

❸ 準備一個調理盆，放入豆腐壓成泥，繼續放入雞絞肉、洋蔥末、麵包粉、麵粉、鹽及白胡椒粉攪拌均勻。

❹ 把拌好的肉泥摔打幾次後，捏成6個小球，然後壓成扁圓的漢堡狀。

❺ 漢堡排放置在烤盤上，以210℃烤15分鐘。

Tips
如果想要擺盤成漢堡排SET，可另外淋上漢堡排醬汁，再加一些高麗菜絲，就會變得非常和風哦！

薑汁雞腿 主菜

接油盤	200 ℃	30 分鐘	2 人份

雞腿跟薑很搭，配上薑末品嘗起來會有濃濃的日式風味，
如果吃膩了鹽酥雞，不妨換換口味試試薑味雞腿。

材料

去骨雞腿排	2片	薑末	1大匙
雞蛋	1顆	太白粉	1杯
醬油	2大匙	油	1大匙
米酒	2茶匙		
蒜泥	1大匙		

作法

① 雞腿肉切成適口大小。雞蛋打散成蛋液備用。

② 將雞腿肉放到盆中，倒入醬油、米酒、蒜泥、薑末、蛋液、太白粉，以打蛋器攪拌均勻，放置冰箱醃漬2小時。

③ 從冰箱取出雞腿肉，放到氣炸籃中，抹上油，用200℃烤30分鐘。

香料烤春雞 _{主菜}

鑄鐵鍋	190 °C	40 分鐘	2 人份

烤全雞料理光用看就很過癮，家裡人少的話，選擇烤春雞一餐剛剛好，如果人較多時，可選擇一般大小的土雞。

材料

大蒜	3辦
檸檬	1顆
小土雞	1隻

醃料

奶油	50克
迷迭香	1大匙
鹽	1茶匙
紅椒粉	1茶匙

作法

❶ 大蒜剝皮、檸檬對半切。

❷ 奶油、迷迭香、鹽及紅椒粉放入小碗中，以筷子拌勻。將醃料抹在雞皮、雞皮與肉中間，放進冰箱醃漬2小時。

❸ 自冰箱取出醃好的雞，把大蒜及檸檬塞進雞身中。

❹ 春雞放進鑄鐵鍋（或者深烤盤），送入烤箱，以190℃烤40分鐘。

Tips

· 烤完的雞汁可放在小碗中，吃雞肉時，蘸著雞汁一起品嘗，更加美味可口。

· 如果一般大小的雞，時間需拉長至約60分鐘。

· 若有烤雞架，也可以用烤雞架來烤全雞。

　　　　　　　　　　3·烤炸都美味的滿足肉料理

孜然牛肉串 主菜

串烤架+ 接油盤	200 °C	10 分鐘	2 人份

把牛肉串上洋蔥片,洋蔥經氣炸後變得香甜多汁,加上有點咬勁的牛肉,口感層次豐富,經孜然調味後香氣十足,吃的時候再擠點檸檬汁,風味迷人。

材料

牛肉 200公克
鹽 .... 1公克(使用海鹽會更美味)
孜然粉 1茶匙

洋蔥 1/2顆
橄欖油 1茶匙

作法

❶ 牛肉切成條狀(1.5x5公分),均勻地撒上鹽及孜然粉。洋蔥切成塊狀。

❷ 用烤串叉依序將牛肉、洋蔥串起來,重複四至五次。

❸ 以噴油罐將肉串均勻噴上油,將烤串叉固定在烤串叉固定盤中,放置氣炸烤箱中的串架上(下方可用接油盤接油),以200°C烤10分鐘。

Tips

有些氣炸烤箱附串架可自製烤肉串,如果沒有的話,可串好放在烤盤上氣炸。

酥炸里肌 主菜

接油盤	180 ℃	15 分鐘	2 人份

豬里肌肉是太太小時候媽媽很常拿來料理的部位,稍微醃漬一下用煎的,就超級美味。這道酥炸里肌則是改良後的酥脆版本,將醃漬好的里肌肉裹上樹薯粉,噴上一些油,氣炸一下,美味又酥脆的里肌即可上桌。

材料

豬里肌 4片	蒜泥 1大匙
米酒 1茶匙	樹薯粉 1杯
醬油 1茶匙	油 1大匙

作法

❶ 在豬里肌上方的油脂部分切4刀（約0.5公分）。準備一個調理盆,放入豬里肌、米酒、醬油及蒜泥醃漬半小時。

❷ 在深盤中倒入樹薯粉,取出醃好的里肌肉,放入盤中雙面沾滿樹薯粉。

❸ 里肌肉放置在接油盤上,噴上油,以180℃烤15分鐘。

Tips
這道酥脆里肌氣炸出來真的非常香酥美味,如果要做為便當主菜,可以省略沾樹薯粉的步驟,醃漬過後抹油直接氣炸。

燒腩仔

氣炸籃	200/220 ℃	50+10 分鐘	4 人份

燒腩仔就是港式燒臘店常常看到的脆皮燒肉，處理過程中先將豬皮風乾、然後將豬肉醃漬，再經過氣炸烤箱的烘烤，就是一道皮脆肉多汁的燒腩仔，搭配蔥油醬會更美味。。

材料

豬五花	1斤
五香粉	4大匙
米酒	1大匙
白醋	1大匙
粗鹽	2杯

作法

❶ 在五花肉皮面上戳洞（可先燙過豬皮部分會比較好戳洞，時間約5分鐘即可）。

❷ 五香粉與米酒放入小碗中以筷子攪拌均勻，來回用手抹在豬五花的肉上。

❸ 用鋁箔紙包覆肉面，在皮面上抹上白醋，放進冰箱冷藏兩天整，以風乾豬皮。

❹ 豬肉取出後退冰1小時，在皮面上覆蓋粗鹽，放進氣炸烤箱以200℃烤50分鐘。

❺ 時間到，把粗鹽用刀刮除，再繼續放回氣炸烤箱用220℃烤10分鐘，即完成。

Tips
豬皮戳洞後風乾，會讓豬皮的爆皮效果更好。

美式豬肋排 主菜

接油盤	150/200 ℃	120+10 分鐘	2 人份

美式豬肋排的特色就是一口咬下，骨肉分離，經過慢烤的豬肋排軟嫩又多汁，當成宴客菜，大氣又好看，端上桌相當有氣勢。

材料

豬肋排 ....1塊（800g）

醃料

香蒜粉 1大匙	番茄醬 2大匙
紅椒粉 1大匙	黃芥末醬 1大匙
黑胡椒粉 1茶匙	蜂蜜 1大匙
烏斯特醬 2大匙	

作法

❶ 將所有醃料混合後，均勻地抹在豬肋排上，放置冰箱冷藏醃漬6小時。

❷ 豬肋排取出後以鋁箔紙包覆好，放在接油盤上，送進烤箱，以150℃烤120分鐘，取出去掉鋁箔紙，再以200℃烤10分鐘，烤至收汁。

Tips
- 豬肋排在美式大賣場或一般傳統市場皆可購得。豬肋排在此採用兩段式烤法，第一段主要讓肉烤軟
- 烤熟，第二段則是以高溫上色，第一段經過長時間烘烤過後，一咬下去就骨肉分離又軟嫩，第二段上色後，會帶點微焦的口感及香氣。

3．烤炸都美味的滿足肉料理

青醬豚捲 主菜

接油盤	180 ℃	20 分鐘	2 人份

> 豬梅花肉片除了常拿來炒或煮火鍋之外，也可以捲入青
> 醬再用青蔥綁起來，看起來既漂亮又好吃。

材料

豬梅花..8片
白酒...1大匙
鹽..................1茶匙（使用海鹽會更美味）

青醬 2大匙
蔥綠 8根

作法

① 豬梅花放入調理盆中，倒入白
酒抓醃，放置半小時。

② 取一小碗，放入青醬、鹽，以
筷子攪拌均勻。豬肉片攤平，
以抹刀抹上青醬。

③ 把豬肉片從一端慢慢捲到另一
端，用蔥綠部分綁緊。

④ 將豬肉捲放到烤盤上，以
180℃烤20分鐘即可。

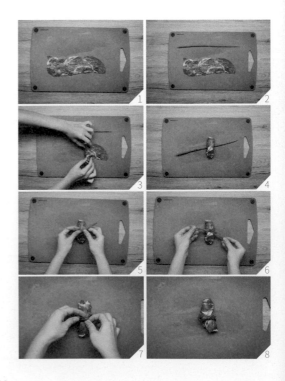

3‧烤炸都美味的滿足肉料理

慢烤牛肉 主菜

| 鑄鐵鍋 | 150℃ | 50分鐘 | 4人份 |

有朋友來到家中作客，太太最常做的就是慢烤牛肉，只要這道料理一端上桌，極佳的賣相加上享用時的桌邊服務，切厚、切薄隨個人喜好，絕對會獲得大家驚嘆連連。

材料

牛肩肉 1000公克

醃料

無鹽奶油 .... 80公克　　大蒜粉 1大匙
鹽 .... 1大匙（使用海鹽會更美味）　　奧勒岡葉香料 1大匙
黑胡椒粉 .... 1大匙　　煙燻紅椒粉 1大匙

作法

❶ 牛肉自冰箱取出，在室溫回復溫度（解凍）。

❷ 取一半的奶油（40公克）、鹽、黑胡椒粉、大蒜粉、奧勒岡葉及紅椒粉放在小碗中攪拌均勻，均勻地抹在牛肉上。

❸ 準備一個鑄鐵鍋，放上牛肉，接著將剩下的奶油（40公克）放置在牛肉上方，插入溫度探針（可省略），放進烤箱，用150℃烤約50分鐘（肉中心溫度約65℃），烤完取出以錫箔紙完整包覆牛肉，靜置半小時，取出切片享用。

> *Tips*
> ‧牛肉可以選擇自己喜歡的部位來慢烤，烤好之後切薄片即可享用，切厚片也可成為牛排。
> ‧如果有剩下來的烤牛肉，也可以切成薄片做成三明治。

控制牛肉的熟度

因為每塊牛肉形狀會不太一樣，受熱程度也不盡相同，所以沒有一定的時間設定。最好的方式是在烤的時候使用探針插入中心位置，來確定自己所需要的熟度。

一分熟	中心溫度約49℃
三分熟	中心溫度約52℃
五分熟	中心溫度約57℃
七分熟	中心溫度約62℃
全　熟	中心溫度約71-90℃

蒜味烤牛丼 主菜

接油盤	200°C	10分鐘	1人份

牛排一般印象中要用大火煎才會好吃，這種做
法不但油煙大，還會噴油噴得到處都是，很難
收拾。這次改用氣炸的方式來烹調牛排，零油
煙、不噴油，一樣非常美味。

材料

牛排...1片
橄欖油...1大匙
鹽....1公克（使用海鹽會更美味）
炸蒜片...1大匙
白飯...1碗

醬汁

蒜泥 1大匙
醬油 3大匙
味醂 1大匙
水 1大匙

作法

❶ 牛排放入接油盤中，淋上橄欖油跟鹽醃漬半小
時，放進氣炸烤箱，以200℃烤10分鐘，出爐
後，靜置10分鐘即可切片。

❷ 將所有醬汁的材料放進小鍋中，開火煮滾。

❸ 白飯裝入碗中，鋪上牛排片，淋上醬汁，放上
蒜片即完成。

Tips

10分鐘的牛排烤出來大約是5分熟；如果喜歡3分熟，可以烤6分鐘；7分熟，烤15分鐘；全熟則需烤20分鐘。

3‧烤炸都美味的滿足肉料理

日式洋蔥豬肉蓋飯 主食

| 接油盤 | 200°C | 25分鐘 | 2人份 |

在家想偷懶不開伙時，用氣炸烤箱最適合。簡單拿幾片豬梅花肉片，用醬油與味醂醃漬入味，再來點洋蔥絲，包覆在烘焙紙中，出爐後，就有充滿日式風格的美味洋蔥豬肉飯可享用。

材料

豬梅花片 10片	洋蔥絲 1/2杯
醬油 1大匙	白飯 1碗
味醂 1大匙	

作法

❶ 豬梅花片放入調理盆中，放入醬油及味醂醃漬半小時。

❷ 烘焙紙鋪上豬梅花，再放洋蔥絲，包覆好（見紙包示範圖P032）放在烤盤上，放進烤箱中層位置，以200℃烤25分鐘，出爐後，放在白飯上即完成。

Tips

做好的洋蔥豬肉飯上桌前，可再撒些蔥絲，看起來會更加精緻。

3 · 烤炸都美味的滿足肉料理

肉丸義大利麵 主食

接油盤	190 ℃	15 分鐘	2 人份

肉丸義大利麵是太太很常做的料理，肉丸用煎的非常容易出油，料理過程中油會噴得到處都是，利用烤箱烤出肉丸一樣好吃，也不用大費周章地清理瓦斯爐上的油膩。

材料

豬絞肉	300公克
麵包粉	2大匙
橄欖油	1茶匙
義式綜合香料	1茶匙
鹽	1茶匙（使用海鹽會更美味）
紅醬	1杯
橄欖油	1茶匙
熟義大利麵	2人份

作法

❶ 在調理盆中放入豬絞肉、麵包粉、橄欖油、義式綜合香料及鹽，用手攪拌均勻，並抓起摔下共摔打10分鐘，然後捏成圓形的小球。

❷ 將肉丸放在接油盤上，以190℃烤15分鐘。

❸ 準備一支平底鍋，倒入橄欖油跟肉丸拌炒一下，加入紅醬及義大利麵拌炒1分鐘即完成。

Tips
另外這道料理也可以做成焗烤版本，在做好肉丸義大利麵後，移到鑄鐵鍋中，上面鋪一層莫扎瑞拉起司絲，再放進氣炸烤箱用180℃烤10分鐘，至起司融化即可。

4

原汁原味的鮮美海鮮

焦糖烤鮭魚 主菜

🍽 接油盤 　🌡 200℃ 　⏱ 15+15分鐘 　▽ 2人份

焦糖與鮭魚聽起來是有點顛覆傳統的煎鮭魚，二砂經烘烤過後，會讓鮭魚吃起來甜中帶鹹，是道大人小孩都會喜歡的鮭魚料理。

材料

鮭魚	1片
白酒	1大匙
鹽	2茶匙（使用海鹽會更美味）
二砂	2大匙

作法

❶ 鮭魚放入深盤中，雙面先用白酒醃漬抹鹽在室溫放15分鐘。將鮭魚放在接油盤上，放進烤箱中層，以200℃烤15分鐘，

❷ 取出後，將魚翻面，均勻撒上二砂，再烤15分鐘。

Tips

烤完的焦糖鮭魚鹹中帶甜很好吃，如果喜歡酥脆口感的話，出爐後可再用瓦斯噴槍炙烤一下表面，會產生脆脆的焦糖。

蒔蘿檸檬鮭魚 主菜

| 接油盤 | 200℃ | 15+15分鐘 | 2人份 |

說起烤鮭魚，在國外最常搭配的香料就是蒔蘿了，蒔蘿特殊的香氣，加上檸檬汁清爽的檸檬酸味，讓人一口接著一口，停不下來。

材料

新鮮蒔蘿	1株
檸檬汁	1大匙
鹽	2茶匙
橄欖油	1大匙
鮭魚	1片

作法

❶ 蒔蘿切成末，放入小碗中，加入檸檬汁、鹽以及橄欖油，以打蛋器攪拌均勻，用刷子均勻地抹在鮭魚肉（雙面）上。

❷ 鮭魚放置在烤盤上，放進烤箱中層位置，以200℃烤15分鐘，取出後將魚翻面，再烤15分鐘。

4・原汁原味的鮮美海鮮

鹽烤香魚 主菜

接油盤 | 210°C | 20分鐘 | 3人份

香魚的肉質細膩，無論煎或烤都很好吃，但煎魚並不是件容易的事，一不小心破皮，顏值不佳，改用烤的，就完全沒有這個困擾了。

材料

香魚 3尾
米酒 1大匙
鹽 ....15公克（使用海鹽會更美味）

作法

❶ 香魚放在深盤中以米酒醃漬15分鐘後，用廚房紙巾擦拭表面，再均勻地於魚身抹上一層鹽。

❷ 將香魚放在接油盤上，放入烤箱中層，以210°C烤20分鐘。

Tips
在烤好的鹽烤香魚擠上檸檬汁一起食用，相當對味。

黃金鯧魚 主菜

接油盤	230 ℃	20+5 分鐘	2 人份

魚大概是很多主婦會很困擾的食材吧，技術不好就很容易把魚皮煎破，更何況是宴客料理，這個時候用烤箱就可以做出完美表面的烤魚囉！

材料

鯧魚 1尾
鹽 .... 1茶匙（使用海鹽會更美味）
米酒 1茶匙
油 1茶匙

作法

1. 鯧魚洗淨以廚房紙巾拭乾後，雙面均勻地抹上鹽和米酒，醃漬半小時。

2. 以廚房紙巾擦乾魚身表面，把魚放在烤盤上，刷上油，放進烤箱，以230℃烤20分鐘，翻面再烤5分鐘。

Tips

· 白鯧是過年時家家戶戶都會購買的食材，平時不好買到的話，可改用金鯧，也一樣好吃。
· 若喜歡重口味，出爐後，可撒上適量椒鹽粉一起食用。

義式番茄海鮮 主菜

| 接油盤 | 200°C | 18分鐘 | 2人份 |

義式番茄海鮮聽起來好像很難做,但其實做成紙包料理很簡單,
只需將生鮮的綜合海鮮及其也材料準備好,再以烘焙紙包覆好
放進烤箱,打開後就有香噴噴的義式番茄海鮮可以享用囉!

材料

生鮮綜合海鮮 2杯
青豆 1大匙
番茄塊罐頭 1/2罐
白酒 1茶匙
迷迭香 1公克
鹽 ....1公克(使用海鹽會更美味)
月桂葉 1片

作法

❶ 將綜合海鮮放在烘焙紙上,依序放入青豆、番茄塊罐頭、白酒、迷迭香、鹽及月桂葉。

❷ 包覆好(見紙包示範圖P032)放在接油盤上,放進烤箱中層位置,以200°C烤18分鐘。

Tips

海鮮的選擇上可用喜歡的食材,只要厚薄度以及烹飪時間接近的,都可以放一起。

蒜香奶油大蝦 主菜

🍽 接油盤	🌡 200 ℃	⏱ 15 分鐘	🥣 2 人份

海鮮是宴客時很受歡迎的料理,而蒜香奶油大蝦更可說是代表性的菜餚,色香味俱全,視覺看起來紅通通的很喜氣,吃起來更是鮮香濃郁。

材料

大草蝦	8隻
米酒	1茶匙
蒜末	1大匙
鹽	1茶匙(使用海鹽會更美味)
奶油	30公克

作法

1. 草蝦開背後,去除腸泥,在蝦肉上抹上米酒。
2. 蒜末、海鹽及奶油放小碗中攪拌均勻,填入蝦背中。
3. 將草蝦放置在烤盤上,放入烤箱,以200℃烤15分鐘。

鳳梨蝦串 主菜

烤串叉接油盤	200℃	15分鐘	2人份

充滿夏日風情的鳳梨蝦串，吃起來酸酸甜甜，很是開胃，是大人小孩都喜歡的爽口料理。

材料

鳳梨 ....1/4顆（約12片）

蝦子 15尾

米酒 1茶匙

蒜泥 1大匙

鹽 ....1公克（使用海鹽會更美味）

橄欖油 1茶匙

美乃滋 1茶匙

香菜末 1茶匙

作法

❶ 鳳梨去皮後切成小塊。蝦子剝殼去除腸
泥後，以米酒抓醃10分鐘。

❷ 將鳳梨塊、蝦仁放入調理盆中，倒入蒜
泥、鹽及橄欖油攪拌均勻。

❸ 用烤串叉依序串起蝦仁及鳳梨塊。將鳳
梨蝦串用烤串叉固定器放入烤箱中，用
旋轉模式，設定200℃烤15分鐘。

❹ 取出後，擠上美乃滋，撒上香菜末，即
完成。

千絲蝦 主菜

| 氣炸籃 | 180 ℃ | 15 分鐘 | 2 人份 |

千絲蝦聽起來很美吧！千絲蝦是利用麵線包覆著蝦仁，抹上油來氣炸，麵線經過氣炸後吃起來酥酥脆脆的，搭配蝦仁彈牙的咬勁，口感層次豐富。

材料

蝦子	8尾
米酒	1茶匙
麵線	1把
蛋白	1大匙
油	少許

作法

1. 蝦子去殼去腸泥，保留蝦尾，放入調理盆中，放入米酒及蛋白醃漬10分鐘。
2. 將10至15條麵線沾水，從蝦仁的頭往尾巴蝦仁纏繞，最後露出蝦尾。
3. 將裹好的蝦仁放置在氣炸籃中，在麵線上用刷子抹上油，以180℃氣炸15分鐘。

Tips
由於麵線本身即帶鹹味，蝦仁不用再另外加鹽。

奶油蒜味檸檬蝦 主菜

| 接油盤 | 200°C | 15 分鐘 | 2 人份 |

奶油跟蒜味是超級搭的美味夥伴，若怕奶油蒜味味道太重比較膩口，可以加上清爽鮮的檸檬來解膩，再搭配上蝦仁，可說是非常對味。

材料

蒜末	1大匙
無鹽奶油	30公克
鹽	2.5公克（使用海鹽會更美味）
蝦仁	20尾
檸檬汁	1大匙

作法

1. 無鹽奶油、蒜末及鹽放入碗中，以打蛋器攪拌均勻。
2. 把蒜味奶油均勻地抹在蝦仁上。
3. 將蝦仁放置在烤盤上放進氣炸烤箱中層，以200℃烤15分鐘，取出後，淋上檸檬汁。

海鮮烤飯 主食

鑄鐵鍋接油盤	200℃	18分鐘	1人份

烤箱類也非常適合做主食類的餐點，先將配料炒過之後，加入飯攪拌，然後放上海鮮放進烤箱烘烤，飯會吸收海鮮的鮮味，底部也會出現一點點鍋巴的口感，鮮香可口。

材料

橄欖油 1茶匙
蒜末 1大匙
甜椒末 1大匙
薑黃 1茶匙
乾燥羅勒香料 1公克
白飯 1碗
鹽 ....1公克（使用海鹽會更美味）
蝦仁 5尾
花枝圈 60公克

作法

❶ 鍋中倒入橄欖油，放入蒜末、甜椒末，以小火拌炒1分鐘，接著放入薑黃、羅勒香料、白飯及鹽，拌勻後離火。

❷ 在鑄鐵鍋（或深烤皿）中將飯鋪平後，鋪上生鮮蝦仁及花枝圈，放入烤箱中層，以200℃烤18分鐘。

4．原汁原味的鮮美海鮮

白酒蛤蜊義大利麵 主食

接油盤	200 ℃	20 分鐘	1 人份

這道白酒蛤蜊加上煮熟的義大利麵就是一道主食，拿掉義大利麵，
也可以成為餐桌上一道美味的佳餚。

材料

蛤蜊	300公克
白酒	1大匙
乾羅勒香料	1公克
煮熟的義大利麵	1人份
橄欖油	1茶匙

作法

❶ 前一晚，把蛤蜊浸泡在鹽水中（鹽15公克，水500ml的比例），放入冰箱冷藏。

❷ 將吐完沙的蛤蜊放在烘焙紙上，淋上白酒，撒上羅勒香料，包覆好（見紙包示範圖P032）放在接油盤上，放進烤箱中層位置，以200℃烤20分鐘。

❸ 出爐後，準備一個大盤將義大利麵拌上橄欖油，然後放上烤好的白酒蛤蜊即可。

Tips

享用時，可再加入一些新鮮的羅勒葉來增添香氣。

5

懶人好幫手，
一爐多菜

咖哩雞腿排／香料馬鈴薯 主+配菜

氣炸籃 接油盤 | 180 ℃ | 30 分鐘 | 2 人份

咖哩與馬鈴薯是相當合拍的組合，當咖哩雞腿排的油脂融合咖哩的香味滴到馬鈴薯上，便成為最佳調味。

材料

無骨雞腿排 1片
馬鈴薯 1顆
橄欖油 1茶匙
義式綜合香料 2茶匙
鹽 1茶匙

醃料

洋蔥泥 1大匙
咖哩粉 2茶匙
鹽 ....1茶匙（使用海鹽會更美味）

作法

❶ 將醃料的洋蔥泥、咖哩粉及鹽混合在一起後，以刷子均勻地抹在雞腿排上。

❷ 馬鈴薯洗淨外皮後，連皮一起切成約0.2公分的薄片。

❸ 馬鈴薯撒上橄欖油、義式綜合香料及鹽攪拌均勻。

❹ 將雞腿排放置氣炸籃中，馬鈴薯放在接油盤上，放進烤箱中的上層及下層，以180℃烤30分鐘。

❺ 取出後，雞腿排切片，即可食用。

─ 一爐兩菜小技巧 ─

若家中的氣炸烤箱有二至三層架子可用，此時可運用一些技巧一次烹調兩道菜，我搭配菜色的方法是在上方放置肉類，下方搭配耐烤的蔬菜，讓上方肉類烤出來的油脂滴到下方的蔬菜上，可以同時融合配菜與主菜的風味。

5· 懶人好幫手，一爐多菜

橙汁鴨胸／鴨油地瓜與杏鮑菇 主 + 配菜

| 氣炸籃 接油盤 | 180 ℃ | 10 分鐘 | 2 人份 |

鴨肉料理感覺起來就是餐廳菜色，但其實不難，只要把握先煎再烤、
抓好時間兩個原則，外皮脆、肉粉嫩的鴨胸就可以端上桌享用了。

材料

鴨胸 1塊

鹽 ....1茶匙（使用海鹽會更美味）

黑胡椒粉 1茶匙

金時地瓜 1條

杏鮑菇 1條

醬汁

柳橙汁 1杯

橙皮 1大匙

白酒 2大匙

奶油 10公克

作法

❶ 在鴨胸皮那面以刀切出菱格紋（切皮不切到肉），雙面抹上鹽及黑胡椒粉醃漬半小時。

❷ 柳橙汁、橙皮、白酒及奶油放到醬汁鍋中，以小火煮滾至濃稠，約5分鐘。

❸ 地瓜洗淨後連皮切成約1公分厚片，用滾水煮10分鐘撈起。杏鮑菇切塊，在表面輕畫格紋。

❹ 準備一支平底鍋，鴨胸皮朝下放入，以中小火煎7分鐘，翻面續煎3分鐘後取出，放置氣炸籃中。

❺ 杏鮑菇與地瓜放在接油盤上，與鴨胸分別放入烤箱的下及上層，以180℃烤10分鐘。

❻ 取出鴨胸後，用鋁箔紙包覆燜10分鐘，取出切片盛盤，放上地瓜及杏鮑菇，淋上醬汁點綴。

Tips

鴨胸在煎時流出很多鴨油，可倒出保存，炒菜時下一點，會充滿香氣。

腐乳雞翅／香烤玉米 主＋配菜

| 氣炸籃 接油盤 | 180 ℃ | 30 分鐘 | 1 人份 |

豆腐乳跟雞肉味道很合，腐乳和米酒是台味十足的醃料組合，烤完的雞翅鹹香夠味，搭配香甜的玉米，令人吮指回味。

材料

豆腐乳..............................2塊
米酒............................1大匙
雞翅..............................6隻
玉米..............................2支
橄欖油........................1茶匙
鹽...............1茶匙（使用海鹽會更美味）

作法

❶ 豆腐乳搗碎與米酒放入小碗中，以筷子攪拌均勻，與雞翅一同放入保鮮盒中醃漬半小時。

❷ 玉米切段，抹上橄欖油及鹽放在烤盤上。

❸ 取出醃漬好的雞翅放在氣炸籃中，與玉米分別放入烤箱的上下層，以180℃烤30分鐘。

鹽麴松阪豬／黑胡椒甜椒 主 + 配菜

氣炸籃
接油盤　200℃　15分鐘　2人份

松阪豬的口感彈牙，用煎的或用烤的都
很美味，簡單地以鹽麴調味，當配菜或
下酒菜都非常合適。

材料

松阪豬	1塊
鹽麴	1大匙
甜椒	2顆
鹽	1茶匙
橄欖油	1茶匙
黑胡椒粉	少許

作法

1. 在松阪豬的外層均勻抹上鹽麴，放進氣炸籃中。
2. 甜椒去籽切塊，放進接油盤中，撒上鹽、橄欖油及黑胡椒粉。
3. 松阪豬及甜椒分別放入烤箱的上下層，以200℃烤15分鐘。

蒜香焗蝦／黃金豆腐 主＋配菜

烤串叉接油盤	200℃	15分鐘	2人份

天使紅蝦最佳的烹飪方式絕對是焗烤，添加了莫札瑞拉起司，香濃中帶著鹹香，一口咬下只想大呼過癮。

材料

天使紅蝦 6尾
白酒 1大匙
鹽..1茶匙（使用海鹽會更美味）
蒜末 1大匙
莫札瑞拉起司絲..........................1杯

雞蛋豆腐 1塊
麵粉 1大匙

作法

❶ 天使紅蝦開背，抹上白酒，然後撒上鹽、蒜末及莫札瑞拉起司絲，放在氣炸籃中。

❷ 雞蛋豆腐切塊，外層均勻沾上麵粉，放置烤盤中，與天使紅蝦分別放入烤箱的上下層，以200℃烤15分鐘。

6

鹹的甜的都好吃，
下酒宵夜也很可以的
美味點心

台式鹽酥雞 鹹點

| 接油盤 | 180℃ | 20分鐘 | 2人份 |

> 鹽酥雞絕對是台灣的國民小吃、宵夜首選。害怕外面的油重複使用
> 不夠健康嗎？沒關係，我們可以利用氣炸烤箱，來自製美味安心的
> 低油鹽酥雞哦！

材料

去骨雞腿排 1片
蒜末 1大匙
醬油 1大匙
米酒 1大匙
二砂 1茶匙
樹薯粉 2杯
油 1大匙
椒鹽粉 ....少許（視個人口味增減）

作法

➊ 將雞腿肉切成適口大小。把切好的雞腿
肉放入保鮮盒中，放入蒜末、醬油、米
酒、二砂蓋上蓋子，搖晃均勻，放入冰
箱醃漬2小時。

➋ 從冰箱取出準備一個大盤子，倒入一半
的樹薯粉，放上雞腿肉沾滿粉，靜置5分
鐘待返潮後，再倒入剩下的樹薯粉，再
次均勻地沾滿雞腿肉。

➌ 雞腿肉放置在烤盤上，在表面刷上油，
用180℃氣炸20分鐘取出。

➍ 盛盤後，撒上椒鹽粉，即完成。

Tips
> 鹽酥雞使用雞腿肉會更軟嫩多汁，如果要改用
> 雞胸肉，請在醃料中加入2大匙的水，讓雞胸肉
> 吃進水分，成品會比較飽水。

6 · 鹹的甜的都好吃
下酒宵夜也很可以的美味點心

海鮮烤餅 _{鹹點}

接油盤 ｜ 180℃ ｜ 13 分鐘 ｜ 2 人份

海鮮烤餅是太太家中宵夜時段很常
現身的料理，因為食材都是家裡常
備的，隨時都可以烤上一片解解嘴
饞，當點心非常適合，材料則可以
更換成自己喜歡的食材。

材料

墨西哥餅皮..1張
番茄沙司..1大匙
冷凍綜合海鮮（生鮮）.....................1杯
莫札瑞拉起司絲................................1/2杯
乾燥洋香菜..少許

作法

❶ 墨西哥餅皮平放在烤盤上。

❷ 在餅皮上抹上番茄沙司，均勻
地鋪上綜合海鮮，再覆蓋一層
莫札瑞拉起司絲。

❸ 放入烤箱中層，以180℃烤13
分鐘，出爐後撒上洋香菜提味
與裝飾。

Tips
喜歡吃辣的話，沾Tabasco一起吃最對味。

楔型薯塊 鹹點

| 氣炸籃 | 200℃ | 20分鐘 | 2人份 |

楔型薯塊漂亮又好吃，口感綿密鬆軟，當成開胃小點或
零食都非常適合，調味上添加了紅椒粉，香氣更加迷人。

材料

馬鈴薯 2顆
紅椒粉 1茶匙
帕瑪森起司粉 1茶匙
鹽 ..2公克（使用海鹽會更美味）
橄欖油 1茶匙

作法

❶ 馬鈴薯洗淨後，帶皮切成楔型，放入裝
好冷水（份量外）的湯鍋中煮10分鐘。

❷ 準備一個調理盆，放入紅椒粉、帕瑪森
起司粉、鹽及橄欖油，以筷子拌勻。

❸ 將水煮過的馬鈴薯塊放入調理盆中，沾
滿調味料。

❹ 將薯塊放入氣炸籃中，放置烤箱中層，
以200℃烤20分鐘。

Tips
馬鈴薯先用水煮10分鐘，可加快在氣炸烤箱中的烹調時間。

6．鹹的甜的都好吃
下酒宵夜也很可以的美味點心

千張蝦餅 鹹點 減醣

氣炸籃	180 ℃	10+5 分鐘	2 人份

千張這兩年因為減醣議題非常流行，這次特別設計了一道千張蝦餅，由於千張較薄易破，所以蝦餅做完後需先冷凍塑形，冷凍取出後直接在表面抹油，然後進烤箱氣炸就很好吃。

材料

千張皮 2片
蝦仁 250公克
蛋白 1個
太白粉 1/4茶匙

白胡椒 1公克
鹽 ....1公克（使用海鹽會更美味）
橄欖油 .... 少許

作法

❶ 把兩張千張皮疊在一起，將四周直角剪掉呈圓形（直徑約20公分）。

❷ 將蝦仁以食物處理器或（攪拌棒）打成碎塊（約0.5公分大小），加入蛋白、太白粉、白胡椒及鹽，以筷子攪拌均勻。

❸ 在1張千張上鋪上滿滿一層蝦泥後，再覆蓋上另1張千張，在表面以刀子戳些洞，進冰箱冷凍1小時。

❹ 取出蝦餅後，在雙面抹上橄欖油放在烤盤上，放進氣炸籃，放置烤箱中層位置，以180℃氣炸10分鐘後，翻面再氣炸5分鐘。

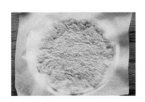

6 · 鹹的甜的都好吃
下酒宵夜也很可以的美味點心

香料鷹嘴豆 鹹點 減醣

氣炸籃　200℃　20分鐘　2人份

鷹嘴豆有著豐富的蛋白質，是現代人喜好的超級食物之一。這道香料鷹嘴豆很適合當成點心，烤得乾乾的，非常涮嘴。

醋烤南瓜片 鹹點 減醣

接油盤　200℃　25分鐘　2人份

栗子南瓜的口感綿密，香甜好吃，切成厚片後，只要簡單的調味，再經烘烤，綿密中帶點鹹香酸甜的滋味，讓人忍不住一片接著一片。

154

材料

鷹嘴豆 260公克
孜然粉 1大匙
煙燻紅椒粉 1大匙
鹽 1/4大匙
橄欖油 1/2大匙

作法

❶ 鷹嘴豆放入調理盆中,與孜然
粉、煙燻紅椒粉、鹽、橄欖油
以筷子拌勻,放進氣炸籃中,
以200°C烤20分鐘。

Tips
鷹嘴豆可選擇超市販售的水煮鷹嘴豆
罐頭或雜糧店賣的乾鷹嘴豆,如果是
買乾鷹嘴豆,需在前一晚先浸泡在水
中,隔天以電鍋煮熟後再使用。

材料

栗子南瓜 1/2顆
橄欖油 1大匙
鹽 1茶匙
巴薩米克醋 1大匙

作法

❶ 栗子南瓜去頭尾後剖對半,去
籽後連皮切成厚片,均勻鋪在
烤盤上。

❷ 淋上橄欖油及巴薩米克醋、撒
上鹽,放進烤箱,以200°C烘烤
25分鐘。

帕瑪森櫛瓜片

鹹點
減醣

| 接油盤 | 180℃ | 15分鐘 | 2人份 |

櫛瓜的口感紮實卻富含水分，不管煎煮炒炸都很好吃。櫛瓜用烤的，搭上鹹香夠味的帕瑪森起司，切厚一些，吃得到櫛瓜的脆及水分，切薄一些，口感較為柔軟，全看個人喜好。

材料

櫛瓜	1條
橄欖油	1茶匙
帕瑪森起司粉	1大匙
黑胡椒粉	1茶匙

作法

1. 櫛瓜洗淨後，切成0.2公分的薄片放置在烤盤上，先抹上橄欖油，再撒上帕瑪森起司粉。

2. 放進烤箱，以180℃烘烤15分鐘，出爐後，撒上黑胡椒粉。

Tips
帕瑪森起司粉本身已經有鹹味，無需加鹽調味。

香烤飯糰 鹹點

接油盤	180℃	8分鐘	2人份

烤飯糰口味多半偏日式，有些店家會用煎的，但其實用烤的也很好吃。飯糰焦脆的表皮咬起來硬硬脆脆的，中間的則是正常米飯的口感，但又多了一股香氣，兩種滋味都令人欲罷不能。

材料

白飯	2碗
鮪魚罐頭	1罐
鰹魚醬油	1大匙
油	1茶匙
海苔	3片

作法

1. 將白飯均分成3份，壓平後，放入瀝乾的鮪魚碎，用手捏成三角形狀的飯糰。
2. 整顆飯糰表面塗上鰹魚醬油，約10秒後，再薄薄地抹上一層油，放在接油盤上，送進烤箱的中層位置，以180℃氣炸8分鐘即可取出。
3. 飯糰趁熱，在底部中間包上海苔即可。

6．鹹的甜的都好吃
下酒宵夜也很可以的美味點心

奶油煙燻玉米 鹹點

鑄鐵鍋 接油盤	180 ℃	15 分鐘	2 人份

> 香甜的玉米粒加上煙燻紅椒粉及莫札瑞拉起司一起烘
> 烤，和傳統烤玉米有著全然不同的異國風味。

材料

玉米粒	1罐	鹽	1公克
奶油	20g	莫札瑞拉起司絲	1/2杯
煙燻紅椒粉	1公克		

作法

❶ 罐頭玉米粒瀝乾，倒入調理盆中，放入煙燻紅椒粉、鹽及莫札瑞拉起司絲，用筷子攪拌均勻。

❷ 將玉米粒倒在烤盤上，放上剝成小塊的奶油，放入氣炸烤箱，以180℃氣炸15分鐘。

> *Tips*
>
> 坊間玉米罐頭分成兩種，一種成分內已含糖，另一種不含糖。若選擇沒有加糖的玉米罐頭，可將水瀝乾直接使用；如果買到有加糖的，可先用食用水過濾兩次後再使用。

6 · 鹹的甜的都好吃
下酒宵夜也很可以的美味點心

起司豆腐捲 鹹點 減醣

🍱	🌡	🕐	🍚
氣炸籃	200 ℃	10 分鐘	2 人份

香酥豆腐捲是利用時下流行的千張來取代豆皮，豆腐內餡口感軟嫩多汁，加上莫札瑞拉起司的香濃，讓香酥豆腐捲更加美味。

材料

板豆腐 1塊
鹽 .... 1/4茶匙（使用海鹽會更美味）
莫札瑞拉起司絲 1杯
黑胡椒粉 1公克
千張 8張
海苔 .... 8片（8 x10公分）
油 1茶匙

作法

❶ 板豆腐隔著小盤子用重物壓半小時，倒
出豆腐殘留的多餘水分後，放入調理盆
中。

❷ 加入鹽、莫札瑞拉起司絲及黑胡椒粉，
用筷子拌勻（主要是把豆腐均勻搗
碎）。

❸ 將千張攤平在烤盤上，放上一張海苔
片，然後再放上一匙豆腐內餡，包捲起
來。

❹ 在包好的千張外層抹油，放在氣炸籃中，
送進烤箱中層，以200℃氣炸10分鐘。

Tips

豆腐捲的用料簡單，口感很好，調味屬於清
淡清爽系，若是口味比較重的人，不妨另外
蘸醬食用。

6 · 鹹的甜的都好吃
下酒宵夜也很可以的美味點心

自製洋芋片 鹹點

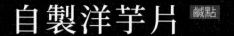

氣炸籃	180 ℃	10 分鐘	2 人份

想吃洋芋片但怕熱量太多、鹽分太高嗎？自己氣炸洋芋片，可以控制油量又能視個人偏好發揮創意，撒上不同香料，做出不同口味的洋芋片。

酥皮熱狗捲 鹹點

酥皮熱狗捲做起來容易，非常適合下午嘴饞時烤來享用，酥皮熱狗捲吃起來外酥內軟，比遊樂園的裹粉炸熱狗還好吃呢！

接油盤	210 ℃	15 分鐘	2 人份

材料

馬鈴薯 2顆
油 1大匙
鹽 ....1茶匙（使用海鹽會更美味）

作法

❶ 馬鈴薯削皮，切成約0.15公分的
　薄片，泡水10分鐘。

❷ 將泡過水的馬鈴薯用廚房紙巾
　拭乾水分，抹上油後，撒上
　鹽。

❸ 馬鈴薯片平鋪在氣炸籃中，送
　進氣炸烤箱，以180℃氣炸10分
　鐘。

Tips
馬鈴薯切得越薄、吃起來越像市售洋
芋片，如果切得比較厚，氣炸時間就
需要再拉長一些。

材料

市售冷凍酥皮 4片
熱狗 4根
番茄醬 1大匙
蛋液 10公克

作法

❶ 酥皮與熱狗一一對半切好備用。
　酥皮表面抹上番茄醬，將熱狗放

❷ 在中間捲起來，切口朝下輕壓。

❸ 熱狗捲放置在烤盤上，在酥皮表
　面上劃三刀，上層以刷子抹上一
　層蛋液，放進烤箱，以210℃氣
　炸15分鐘。

Tips
酥皮與熱狗中間有抹上番茄醬，所以
不用另外加醬。

6．鹹的甜的都好吃
下酒宵夜也很可以的美味點心

香蔥起司玉米片 鹹點

🍳	🌡️	⏱️	🍴
鑄鐵鍋 接油盤	180 ℃	12 分鐘	2 人份

起司玉米片是追劇和看球賽的最佳拍擋，玉米片經過烘烤氣炸後變得更酥脆，加上濃郁的起司、蔥花的香氣，絕對讓人一吃就停不下來。

材料

市售玉米片	100公克
莫札瑞拉起司絲	1杯
蔥花	1大匙
黑胡椒粉	1公克

作法

❶ 準備一支鑄鐵鍋（或深烤皿），放入玉米片、莫札瑞拉起司絲、黑胡椒粉，放在接油盤上，送進烤箱中層位置，以180℃烤12分鐘。

❷ 出爐後撒上蔥花，完成。

> **Tips**
> 市面上比較難買得到原味的玉米片，可以在超商或超市購買多力多茲代替。

薄脆甜不辣 _{鹹點}

氣炸籃	200°C	10 分鐘	2 人份

在鹽酥雞攤必點的炸甜不辣，利用氣炸烤箱就可以氣炸出外酥內 Q 彈的好吃甜不辣。

材料

甜不辣 100公克
油 1茶匙

作法

❶ 甜不辣切成約0.2公分的薄片，抹油後放在氣炸籃中，送進烤箱，以200°C烤10分鐘。

Tips
可另撒上胡椒鹽及辣椒粉來食用。

花型薯泥球 鹹點

接油盤	180 ℃	10 分鐘	2 人份

馬鈴薯泥原本就是一道非常美味的料理，這道烤薯泥球
是利用基本款的馬鈴薯泥進化而成。將做好的馬鈴薯泥
放進擠花袋中，用花嘴擠成可愛的花狀，進烤箱烘烤，
就有好吃的烤薯泥球。

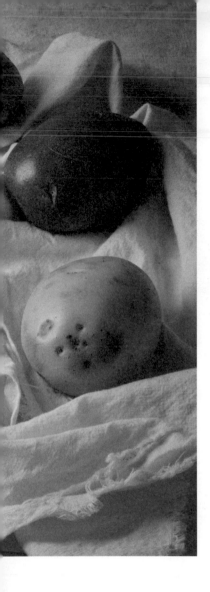

材料

馬鈴薯...2顆
鮮奶 1大匙
鹽...................1公克（使用海鹽會更美味）
奶油 1茶匙

作法

❶ 馬鈴薯削皮，隨意切成塊狀，放入電鍋中
　蒸熟。

❷ 在調理盆中放入蒸熟的馬鈴薯、鮮奶、鹽
　及奶油，以壓泥器（如沒有壓泥器，可用
　叉子代替）拌勻至滑順。

❸ 準備一個擠花袋及做齒形花嘴（或稱星型
　花嘴），裝入馬鈴薯餡，以擠花的方式在
　烤盤上擠出一個個約2公分的星形（記得
　四周保留間隔）。

❹ 將薯泥球放進烤箱中層位置，以180℃烤
　10分鐘。

煉乳饅頭 甜點

饅頭用蒸的是不是膩了呢？這道吃起來甜甜香香微脆的煉乳饅頭，用氣炸烤箱就可以簡單完成囉！香酥的口感佐上香濃的煉乳，一口咬下，撫慰每顆想吃甜點的心。

氣炸籃	180 °C	8 分鐘	2 人份

材料

小饅頭 8顆
油 1茶匙
煉乳 2大匙

作法

❶ 小饅頭放置在烤盤上，用刷子在饅頭表面抹上一層油，放進烤箱，以180℃，氣炸8分鐘。

❷ 出爐後盛盤，在小饅頭淋上煉乳。

Tips
若喜歡巧克力口味，可改淋巧克力醬。

香酥芋泥餅

甜點

夜市中熱門的芋泥餅，其實動手做並不難，這道食譜屬於低糖版，若你是螞蟻族，不妨再額外增加糖量來增加甜味。

接油盤	150℃	3+3分鐘	4人份

材料

芋頭 300公克
奶油 30公克
二砂 40公克
鮮奶油 20公克
無夾餡麗滋餅乾 16片

Tips

若喜歡甜中帶鹹的口味，不妨在芋泥中混入鹹蛋黃碎，會更加美味。

作法

1. 芋頭削皮切塊，放在碗中拿到電鍋裡蒸軟備用。

2. 準備一個調理盆，放入蒸好的芋頭塊、奶油、二砂及鮮奶油，以壓泥器（如沒有壓泥器，可用叉子代替）攪拌均勻成泥。

3. 把芋泥分成8等份，個別揉捏成小球狀，取兩片餅乾夾住一顆芋泥球，用湯匙刮除兩側多餘的芋泥。完成後，繼續做其他的芋泥餅。

4. 將芋泥餅放在烤盤上，放進烤箱中，以150℃氣炸3分鐘後，翻面再氣炸3分鐘。

6‧鹹的甜的都好吃
下酒宵夜也很可以的美味點心

肉桂蘋果花 甜點

馬芬烤盤 接油盤	180 ℃	30 分鐘	2 人份

肉桂蘋果花聽起來就很美，實際的成品看起來彷彿蘋果在派皮中綻放，不敢吃肉桂的話，也可以不撒肉桂粉。

材料

蘋果 2顆
檸檬汁 1大匙
冷凍酥皮 6片
肉桂粉 1大匙
糖粉 1大匙

作法

❶ 蘋果洗淨後，對半切，去核後切成
　0.1~0.15公分的薄片，淋上檸檬汁，放到
　微波2分鐘（如果沒有微波爐的話，可浸
　泡一下水）。

❷ 取一片派皮對半切，將側邊接連起來變
　成長條狀。

❸ 將蘋果疊放在1/2的派皮上，撒上肉桂粉
　及糖粉，捲起來，放在蛋糕紙模後，再
　放到瑪芬模具裡。

❹ 最後撒上肉桂粉及糖粉放在接油盤上，
　送進烤箱中，以180°C烤30分鐘。

Tips
・蘋果片切越薄，會越好捲。
・沒有瑪芬模具可改用小烤皿代替。

楓糖奶油香蕉 甜點

接油盤	180°C	15分鐘	2人份

香蕉烤過有一種獨特的香氣,加上香濃可口的楓糖奶油,組合在一起能滿足所有甜點控的想像,而且因為是水果,吃起來也比較沒有罪惡感。

材料

香蕉	3條
奶油	1大匙
楓糖漿	1大匙
堅果碎	1大匙

作法

❶ 香蕉帶皮對半切,在表面上均勻地抹上奶油。

❷ 香蕉放在接油盤上,送進烤箱中層位置,以180°C氣炸15分鐘,出爐後淋上楓糖漿,再撒上堅果碎。

Tips

夏天的時候,這道甜點也很適合搭配香草冰淇淋一起享用。

杏仁薄片 甜點

接油盤	170℃	15分鐘	1人份

杏仁薄片吃起來又香又脆，經烘烤過後的堅果香氣會特別明顯，是很受歡迎的一道甜點，一次不妨多做一些哦！

材料

無鹽奶油	30公克
蛋白	2顆
白砂糖	40公克
低筋麵粉	40公克
杏仁片	100公克

作法

1. 奶油放入小碗中，隔水加熱融化。蛋白與白砂糖放入調理盆中，以打蛋器攪拌均勻，篩入麵粉後，繼續攪拌。

2. 放入融化的奶油、杏仁片，攪拌均勻。

3. 挖起1湯匙調好的麵糊，放在鋪有烘焙紙的接油盤上，用湯匙慢慢推開平鋪，放進烤箱，以170℃烘烤15分鐘。

6 · 鹹的甜的都好吃
下酒宵夜也很可以的美味點心

蝴蝶酥 甜點

接油盤	180 ℃	15 分鐘	2 人份

蝴蝶酥千層酥脆的口感，大人小孩都喜歡，最重要的是
只要運用市售的冷凍派皮就能簡單完成，感興趣的話，
趕快動手做做看吧！

材料

冷凍派皮... 2張
二砂 2大匙

作法

❶ 冷凍派皮退冰5分鐘後攤平放在桌上，均
　勻地撒上1大匙二砂，從左右兩側往內
　對折至中央。撒上另1大匙二砂，再次對
　折。

❷ 放到冰箱冷藏10分鐘，取出後，以刀子
　切成相隔約1公分寬的大小。

❸ 將成型的蝴蝶酥放在烤盤上，送進烤箱
　中層，180°C氣炸15分鐘。

6． 鹹的甜的都好吃
下酒宵夜也很可以的美味點心

巧克力麵包布丁 甜點

鑄鐵鍋 接油盤	170 ℃	20 分鐘	2 人份

誰說英國沒有好料理呢？起源是拯救家中太乾的麵包或吐司的麵包布丁，便是來自英國的家常甜點，這道麵包布丁可隨意放上家中現有的食材，像葡萄乾、水果等，就能變化出各種口味的麵包布丁，簡單又方便。

材料

吐司 2片	白砂糖 30公克
雞蛋 2顆	高熔點巧克力豆 2大匙
牛奶 150毫升	

作法

❶ 吐司切4 X4公分大小，放進鑄鐵鍋（或深烤皿）中。

❷ 雞蛋、牛奶及糖放入調理盆中，以打蛋器攪拌均勻，然後倒入鑄鐵鍋中 ，撒上巧克力豆。

❸ 將鑄鐵鍋放在接油盤上，放入烤箱中層位置，以170℃烤20分鐘。

> *Tips*
> 記得吐司要全部浸潤到牛奶雞蛋液中，這樣吃起來的口感會更好，上桌前不妨撒上一些糖粉或淋上楓糖漿。

巧克力豆布朗尼 甜點

深烤盤 接油盤	170 ℃	30 分鐘	4 人份

布朗尼是美國家庭中的經典甜點，坊間也出現了許多變化型，如純雞蛋糕的布朗尼、核桃布朗尼及加上巧克力豆的布朗尼…。這道食譜選擇的是香濃巧克力豆布朗尼版本，保證讓巧克力控吃起來十分滿意。

材料

苦甜巧克力................................ 100公克
奶油 70公克
糖粉 50公克
可可粉 2大匙
鹽... 1公克
雞蛋 .... 2顆（中型）
低筋麵粉.................................... 50公克
高熔點巧克力豆 2大匙

作法

❶ 苦甜巧克力與奶油一起放在小碗中隔水加熱，融化備用。

❷ 調理盆中放入融化的巧克力、奶油、糖粉、可可粉、鹽，用打蛋器攪拌均勻。

❸ 打入1顆雞蛋攪拌均勻後，再打入第2顆雞蛋攪拌均勻。

❹ 繼續加入過篩的麵粉攪拌均勻，然後倒入巧克力豆拌勻。

❺ 準備一個深度約5公分的烤盤，放上烘焙紙（先將四個角往內剪至烤盤大小）倒入麵糊，放進烤箱，以170℃烘烤30分鐘。

Tips
在烤盤放烘焙紙可避免沾黏，家中如果沒有烘焙紙，可在烤盤上抹上奶油替代。

6 · 鹹的甜的都好吃
下酒宵夜也很可以的美味點心

香橙巧克力派 甜點

| 接油盤 | 180°C | 15分鐘 | 2人份 |

巧克力與橙類很搭，這道香橙巧克力派吃得到酥脆的外皮，又有水果及巧克力的香甜，是道外觀與美味度兼具的甜點。

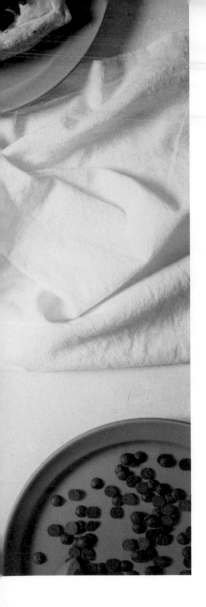

材料

苦甜巧克力片 100公克
柳橙 1/2顆
冷凍派皮 4片
橘子果醬 1大匙
蛋液 1大匙

作法

➊ 巧克力剝成小塊、柳丁洗淨後切成4片，
　去籽，對半切皮的部分不切斷。

➋ 取出冷凍派皮，拿小刀從外往內1公分切
　直角，將外圍往對向扭轉，重疊輕壓。

➌ 在派皮中間用抹刀抹上橘子果醬，鋪滿
　巧克力塊，再放上柳橙片。

➍ 在派皮周圍抹上蛋液，放在接油盤上，放
　入烤箱中層位置，以180℃氣炸15分鐘。

Tips
橘子果醬跟巧克力很搭，換成莓果類也很不
錯，莓果類果醬也很適合配藍莓一起烤，變
化出多種不同的口味。

6 · 鹹的甜的都好吃
下酒宵夜也很可以的美味點心

檸檬瑪芬 甜點

馬芬烤盤 接油盤	180 ℃	20 分鐘	2 人份

瑪芬的口感是屬於紮實的蛋糕，非常適合當早餐吃，下午肚子有點餓時，也可以當成下午茶，而這款檸檬口味，甜中帶酸，吃起來完全不膩口。

材料

雞蛋 2顆	低筋麵粉 200公克
白砂糖 100公克	泡打粉 3公克
奶油 100公克	檸檬皮屑 1大匙
檸檬汁 30毫升	

作法

❶ 雞蛋打入調理盆中，加入白砂糖拌勻，加入融化的奶油，用打蛋器攪拌均勻。

❷ 加入檸檬汁混合，放入過篩的麵粉、泡打粉以及檸檬皮屑，攪拌均勻。

❸ 麵糊倒入瑪芬紙模中，放在接油盤上，送進烤箱中層，以180℃烤20分鐘。

Tips
瑪芬口感厚實，吃一顆就非常有飽足感。

巧克力豆司康 甜點

| 接油盤 | 180 ℃ | 17 分鐘 | 4 人份 |

> 司康可鹹可甜，做成原味，只要抹上有鹽奶油就是鹹口味，抹上果醬或在麵團中加上果乾，就可以變成甜口味。

材料

低筋麵粉	170公克
泡打粉	10公克
鹽	1公克
白砂糖	25公克
奶油	55公克
雞蛋	1顆
高熔點巧克力豆	1杯
鮮奶	30公克

Tips
烤好的司康從中間切開，抹上奶油食用最為經典，也可以抹果醬。

作法

❶ 麵粉、泡打粉、鹽及糖放到調理盆中，用打蛋器攪拌均勻成乾粉。

❷ 放入奶油，把奶油和乾粉一起用手搓開，至奶油與粉類融為顆粒狀。雞蛋打散成蛋液備用。

❸ 倒入蛋液（可留一點進烤箱前刷表面），輕輕地用手壓，加入巧克力豆，繼續用手拌勻成團，慢慢加入鮮奶攪拌均勻。

❹ 取出麵團，拿擀麵棍擀成約2公分厚度的圓形麵團，包覆保鮮膜，放入冰箱冷藏10分鐘。

❺ 取出麵團後，用模具（或用杯子）壓成圓形。

❻ 在麵團表面上刷上蛋液，放入接油盤中，送進烤箱，以180℃烘烤17分鐘。

6・鹹的甜點都好吃
下酒宵夜也很可以的美味點心 26

超簡單氣炸烤箱料理110

作　　者｜宅宅太太 Msninitsai
發 行 人｜林隆奮 Frank Lin
社　　長｜蘇國林 Green Su

出版團隊

總 編 輯｜葉怡慧 Carol Yeh
主　　編｜鄭世佳 Josephine Cheng
企劃編輯｜石詠妮 Sheryl Shih
責任行銷｜鄧雅云 Elsa Deng
封面裝幀｜柯俊仰 Yang Jyun
版面設計｜張語辰 Chang Chen
視覺指導｜王振昇 Ross Wang
攝　　影｜蔡宛珍 Nini Tsai · 劉俊男 Chun Nan Liu

行銷統籌

業務處長｜吳宗庭 Tim Wu
業務主任｜蘇倍生 Benson Su
業務專員｜鍾依娟 Irina Chung
業務秘書｜陳曉琪 Angel Chen
　　　　　莊皓雯 Gia Chuang
行銷主任｜朱韻淑 Vina Ju

發行公司｜精誠資訊股份有限公司 悅知文化
　　　　　105台北市松山區復興北路99號12樓
訂購專線｜(02) 2719-8811
訂購傳真｜(02) 2719-7980
悅知網址｜http://www.delightpress.com.tw
客服信箱｜cs@delightpress.com.tw
ISBN：978-986-510-122-0
建議售價｜新台幣380元
初版一刷｜2021年1月
初版七刷｜2023年5月

國家圖書館出版品預行編目資料

超簡單氣炸烤箱料理110／宅宅太太
Msninitsai作.－初版.－臺北市:精誠資訊,
2021.01
　　面；　公分
ISBN 978-986-510-122-0(平裝)
1.食譜

427.1　　　　　　　　　　　109020355

著作權聲明

本書之封面、內文、編排等著作權或其他智慧財產權均歸
精誠資訊股份有限公司所有或授權精誠資訊股份有限公司
為合法之權利使用人，未經書面授權同意，不得以任何形
式轉載、複製、引用於任何平面或電子網路。

商標聲明

書中所引用之商標及產品名稱分屬於其原合法註冊公司所
有，使用者未取得書面許可，不得以任何形式予以變更、
重製、出版、轉載、散佈或傳播，違者依法追究責任。

版權所有　翻印必究

· 抽獎活動 ·

超簡單氣炸烤箱料理110

這本書獻給所有享受自己做料理的朋友們 感謝各位讀者對於《超簡單氣炸烤箱料理110》一書的支持，購書憑發票即可參加抽獎，將有機會獲得韓國422INC 氣炸烤箱、韓國玫瑰金不沾鍋哦！

│ 活動參加方式 │

請將購買《超簡單氣炸烤箱料理110》一書發票&明細、實書拍照，前往Google表單專屬活動頁，上傳與完整填寫相關資訊，即有機會參加抽獎。

掃描QR CODE
前往 Google活動表單

│ 獎項說明 │

韓國422INC 11L氣炸烤箱（Tiffany藍）
（市價7,990元/台）乙台

韓國玫瑰金不沾鍋4入組
（市價2580元/組）乙組

感謝 *422* 熱情贊助

│ 得獎名單公布 │

2021/02/24（三）將於悦知文化facebook
（https://www.facebook.com/delightpressfan/）公布得獎名單

│ 注意事項 │

1. 獎項寄送僅限台灣本島。
2. 請完整填寫表單資訊，若同發票號碼重複登錄資訊，將視為一筆抽獎。
3. 如聯繫未果，或其他不可抗力之因素，悦知文化得保留活動變更之權利。

氣炸烤箱 全面再進化.

五大保證
市面唯一特氟龍噴塗含量0%

無毒性　　無過敏性毒素

無癌物質　無特氟龍　　無繡

萬用主廚五件組
內附5種配件，隨心搭配使用

　旋轉固定夾

層架　　　　　　移動手把

接油盤　　　　　網籃

可烘・可烤・可炸
內建7種烹調方式
料理真的好簡單

歡迎加入
422官方討論社團

422

氣炸系列家電

實體銷售據點

Beutii 三創店
臺北市中正區市民大道 3 段2號4樓

Beutii 遠百信義A13店
臺北市信義區松仁路58號8樓

Beutii 新莊宏匯店
新北市新莊區新北大道四段三號6樓

Beutii 小碧潭京站店
新北市新店區中央路157號5樓47櫃位

Beutii 台中港三井店
臺中市梧棲區臺灣大道十段168號30900櫃位

Beutii官方網站
加入會員即贈100元購物金